西安市科技局科普专项支持（项目编号：24KPZT0015）

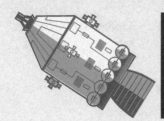

前沿科技科普丛书

载人航天

ZAIREN HANGTIAN

前沿科技科普丛书编委会　编

西安电子科技大学出版社

图书在版编目(CIP)数据

载人航天 / 前沿科技科普丛书编委会编.—西安：
西安电子科技大学出版社, 2023.11
（前沿科技科普丛书）
ISBN 978-7-5606-6714-0

Ⅰ.①载… Ⅱ.①前… Ⅲ.①载人航天—青少年读物
Ⅳ.①V4-49

中国版本图书馆 CIP 数据核字(2022)第 210948 号

策　　划　邵汉平　陈一琛
责任编辑　陈一琛
出版发行　西安电子科技大学出版社（西安市太白南路 2 号）
电　　话　（029)88202421 88201467　　　邮　　编　710071
网　　址　www.xduph.com　　　　　　　电子邮箱　xdupfxb001@163.com
经　　销　新华书店
印刷单位　广东虎彩云印刷有限公司
版　　次　2023 年 11 月第 1 版　　　2023 年 11 月第 1 次印刷
开　　本　787 毫米×960 毫米　　　1/16　　　印张　6
字　　数　100 千字
定　　价　26.80 元
ISBN　978-7-5606-6714-0/ V
XDUP　7016001-1
*****如有印装问题可调换*****

前 言

　　浩瀚的宇宙空间蕴含着丰富的资源，而载人航天技术正是人类通向这个资源宝库的桥梁。

　　本书主要介绍载人航天的相关知识，以从古至今航空航天技术发展的历史进程为线索，介绍了从无人航天器到载人航天器的发展历程。本书前半部分以苏联和美国的航天发展为主线，介绍航天器的分类、人类登月的历程和空间站的建立情况；后半部分重点讲述中国的航天历程，详细介绍中国载人航天工程，包括神舟飞船、天宫空间站以及嫦娥工程等，并展望了载人航天的意义以及人类对太空无止境探索的前景，以激发青少年对航天科技的兴趣和热爱。

目录

古老的航天梦想

对人类来说，浩瀚的宇宙是那么广阔、神秘，人类一直在探索它的奥秘。在遥远的古代，人类就期盼有朝一日能飞离地面，遨游天际。航天梦是人类最古老的梦想之一。

◀ 嫦娥奔月

嫦娥奔月

"嫦娥奔月"是最古老的飞天神话之一。传说嫦娥是英雄后羿的妻子，当后羿的徒弟逢蒙想要抢走他的不死仙药时，嫦娥情急之下吞下了仙药。变成仙子的嫦娥飘离了地面，最后飞到了月亮上。

伊卡洛斯飞向太阳

在古希腊神话中，建筑师代达罗斯和儿子伊卡洛斯被囚禁在一处荒岛上，他用蜡和羽毛制作了翅膀，带着儿子一起飞了出去。但在逃离的过程中，伊卡洛斯忘记父亲的告诫，向着太阳飞去，结果因翅膀熔化而坠亡。

世界航天梦想第一人

万户本名陶成道，是明朝的一位官员。他是世界上第一个利用火箭推力升空的创想者。他曾坐在绑有47支火箭的椅子上，手里拿着风筝，让人点燃火箭，送他上天。但是火箭爆炸了，万户也为此献出了生命。

▲ 万户飞天，最终失败

航空与航天

航空是人类在地球大气层中的活动。航天则是人类冲出地球大气层，到太空中去活动，即宇宙航行。而人类成功飞向天空，是将航天梦想由幻想变为现实的伟大开端。

早期的航天探索

对于航天，人类并没有只停留在梦想层面，而是进行了漫长又艰难的探索。直到17世纪，人类在科学理论和航天实践方面终于有了新突破。

万有引力定律

17世纪80年代，英国伟大的科学家牛顿发现了万有引力定律和运动三大定律，为后来发射人造地球卫星和各种宇宙飞行器奠定了科学基础。

▲ 牛顿

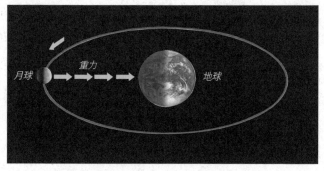

月球　　重力　　地球

▲ 牛顿证明了月球绕地球运动的向心力和重力来自地球的引力

三大宇宙速度

在牛顿提出万有引力定律和运动三大定律后，人们认识到，人类想要离开地球、探索宇宙，必须克服地球引力，并且达到足够快的速度。那么这个速度要多快呢？人们依据牛顿的科学理论计算出，想让航天器不坠落地面并环绕地球运行，它的速度就不能小于7.9千米/秒，这个速度也被称为第一宇宙速度；想让航天器摆脱地球引力束缚，绕太阳运行，它的速度就不能小于11.2千米/秒，这个速度也被称为第二宇宙速度；想让航天器飞出太阳系、漫游银河系，它的速度就不能小于16.7千米/秒，这个速度也被称为第三宇宙速度。

▼ 行星围绕太阳运动是因为受到了太阳的引力的影响，正是万有引力定律解释了这一现象

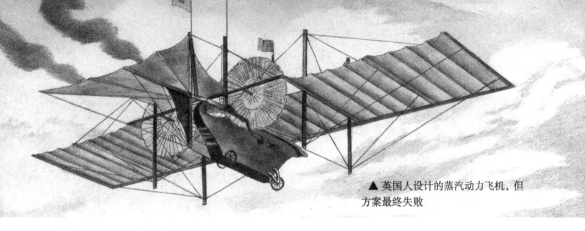
▲ 英国人设计的蒸汽动力飞机，但方案最终失败

莱特兄弟飞行成功

1903年12月17日，美国发明家威尔伯·莱特和奥维尔·莱特驾驶世界上第一架载人动力飞机飞上了蓝天。莱特兄弟载人飞行的成功，是人类飞天梦想变为现实的开端。

▲ 莱特兄弟首创了让固定翼飞机能受控飞行的飞行控制系统，从而为飞机的实用化奠定了基础

▲ 莱特兄弟"飞行者一号"的现代复制品

齐奥尔科夫斯基

1903年，苏联火箭专家齐奥尔科夫斯基发表了论文《利用火箭推进器探索宇宙》，文中提出了火箭公式，最先论证了人类可以利用火箭进入宇宙空间的设想，为宇宙航行奠定了理论基础。

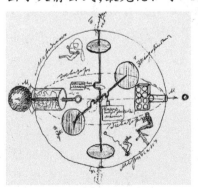
◀ 齐奥尔科夫斯基的第一艘太空船草图

▶ 1913年，齐奥尔科夫斯基与他制作的钢制飞船

登月的幻想

　　随着天文学的发展,从 17 世纪开始,人们将航天梦与科学知识相结合,创作了关于太空飞行的科幻小说。由于月球跟地球关系密切,登月主题的科幻小说最为常见。

早期科幻小说

　　1634 年,德国天文学家约翰内斯·开普勒的科幻小说《梦》出版。这是第一本对月球旅行展开幻想的小说,描述了月球上的生活、地理环境等。

▲ 约翰内斯·开普勒

▲ 1577 年,还是个孩子的开普勒看到了大彗星,这颗大彗星引起了当时全欧洲天文学家的注意

▲ 弗朗西斯·戈德温

▲《月中人》插图

乘鹅力飞车登月

　　17 世纪初,英国主教弗朗西斯·戈德温创作了科幻小说《月中人》。书中的主人公冈萨雷斯乘坐野鹅拉的飞车,到达月球。作者通过叙述冈萨雷斯的见闻,对月球上的情景进行了幻想与推测。

飘浮在云朵上

　　1649年，法国作家切拉诺·德·贝尔热拉在科幻小说《月球之旅》中设想，人的周身绑上小瓶子，小瓶中装满露水，露水被太阳蒸发形成厚厚的云，从而让人飘浮起来飞向太空。

SAVINIANVS DE Curano de Bergerac Nobilis
Gallus ex Icone apud Nobilet D.Domon LABRET
et De PRADE Amicos ipsi ac antiquissimos depicto
ZH pinxit   W.Vedra et Sculpsit

▲ 切拉诺·德·贝尔热拉

▲《月球之旅》插图

科学的登月幻想

　　1865年，法国科幻大师儒勒·凡尔纳出版了科幻小说《从地球到月球》。在书中，他用科学的想象，讲述了冒险家乘炮弹到月球探险，却无法着陆只能绕月运行的故事。

◀ 儒勒·凡尔纳（右）是法国著名的科幻小说作家，他的很多科幻想象都随着科技的发展而得以实现（例如，潜水艇、宇宙飞船等）

《从地球到月球》的科学性

　　在《从地球到月球》这本书中，除用炮弹送人进入宇宙的情节不可能发生外，其他关于登月的描写都有一定的科学依据，比如，书中的宇宙飞船和发射装置的相关数据都经过了严格的数学计算。更令人惊讶的是，作者在书中预言的火箭发射场、飞船密封舱、火箭变轨道飞行、海上降落等，后来都随着航天科学的发展变为现实。

火箭的诞生和发展

火箭是利用火箭发动机产生的反作用力向前推进的飞行器，是实现航天飞行的运载工具。火箭诞生于1926年，在第二次世界大战后被应用于航天飞行，火箭技术也得以迅速发展。

第一枚液体火箭

1926年3月16日，美国物理学家和火箭专家罗伯特·戈达德在马萨诸塞州郊区的沃德农场成功发射了一枚液体火箭，宣告了现代火箭技术的诞生。戈达德因此被称为"现代火箭之父"。

V-2 火箭

V-2火箭是德国在1942至1944年间研制的弹道导弹，由著名火箭专家韦纳·冯·布劳恩设计。V-2火箭是单级液体火箭，最大射程320千米，射高96千米，是现代航天运载火箭的先驱。

▲ 罗伯特·戈达德在1926年进行首枚液体火箭试射

▲ 韦纳·冯·布劳恩

▲ 1950年7月，佛罗里达州的卡纳维拉尔角进行首次 V-2 火箭发射

"卫星号"运载火箭

1957年10月4日，苏联通过用R-7洲际导弹改装成的"卫星号"运载火箭，把世界上第一颗人造地球卫星成功送入轨道。从此，火箭作为航天运载工具正式登上历史舞台。

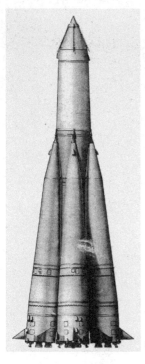

◀ "卫星号" 运载火箭

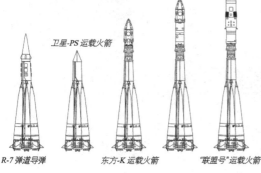

"上升号"运载火箭

卫星-PS 运载火箭

R-7 弹道导弹　　东方-K 运载火箭　　"联盟号"运载火箭

▲ R-7 火箭家族是一系列衍生自苏联 R-7 弹道导弹的火箭

竞相发展运载火箭

从20世纪50年代开始，苏联、美国、法国、日本等国家竞相发展运载火箭，极大地促进了航天技术的发展。现在，全世界已研制出能适应多种航天发射需求的若干系列运载火箭。

全球知名运载火箭

"联盟号"运载火箭："联盟号"子系列中的两级型火箭，因发射联盟系列载人飞船而得名。

"能源号"运载火箭：苏联研制的重型运载火箭，于1988年11月15日进行第二次发射，顺利将"暴风雪号"航天飞机送入预定轨道。

"土星5号"运载火箭：美国为阿波罗登月计划研制的重型运载火箭，是世界上推力最强的火箭之一。

德尔塔系列运载火箭：在雷神中程导弹基础上发展起来的。世界第一颗地球同步轨道卫星就是由这一系列的成员发射升空的。

7

◀航天器的飞行发射段：航天器由运载器（多级火箭、航天飞机等）携带，从地面起飞达到预定的高度和速度

航天器的飞行原理

航天器大多不携带动力装置，而是搭载运载火箭，在克服地球引力后进入太空，基本上按照天体力学的规律在空间运动。

航天器的运动方式

航天器的运动方式主要有两种：环绕地球轨道运行和飞离地球在行星际空间航行。不管通过哪种方式，航天器要克服地球引力在空间运行，就必须获得足够大的初始速度。

环绕地球轨道运行

根据牛顿的力学定律,航天器要环绕地球轨道运行,初始速度不能小于7.9千米/秒。它从运载火箭那里获得不低于7.9千米/秒的速度后,向上进入太空,绕地球轨道飞行。

◀ 人造卫星是人类制造的航天器的一种,数量最多,由运载器发射到太空中,像天然卫星一样环绕地球或其他行星运行

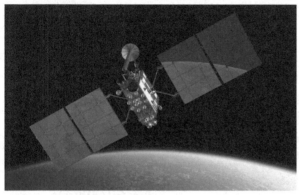

在行星际空间航行

航天器从运载火箭那里获得不低于11.2千米/秒的速度后,就摆脱了地球引力的束缚,在行星际空间绕太阳运行。

航天器飞行轨道

根据天体力学规律,航天器的飞行轨道都是椭圆轨道。环绕地球运行轨道是以地球为一个焦点的椭圆轨道或以地心为圆心的圆轨道。行星际空间航行轨道大多是以太阳为一个焦点的椭圆轨道的一部分。

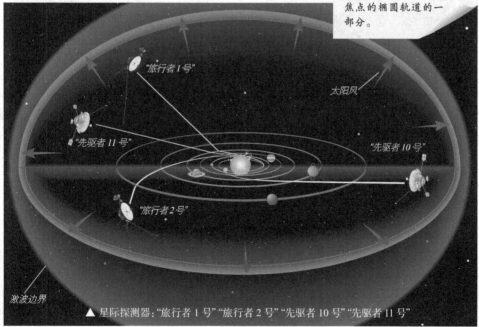

"旅行者1号"　太阳风　"先驱者11号"　"先驱者10号"　"旅行者2号"　激波边界

▲ 星际探测器:"旅行者1号""旅行者2号""先驱者10号""先驱者11号"

空间探测器

　　空间探测器是人类发射到太空的无人驾驶航天器，用于探测地外空间和遥远的天体，是人类探索宇宙的侦察兵和先行者。

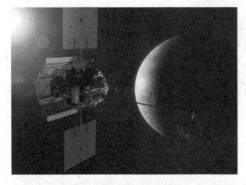

▲ "信使号"水星探测器

▲ 莫斯科宇航博物馆内的"月球1号"探测器模型（复制品）

空间探测器的类型

　　空间探测器按探测任务可分为月球探测器、行星探测器、行星际探测器和小天体探测器等。

第一个空间探测器

　　1959年，苏联发射了第一个月球探测器——"月球1号"，它是人类的第一个空间探测器。不过"月球1号"没有成功接近月球，只从距离月球表面5000多千米处飞过。

高能太阳光谱成像探测器

空间探测器的显著特点

　　空间探测器长期在太空飞行时，无法接受地面的实时遥控，所以必须具备自主导航能力。它向太阳系外行星飞行，远离太阳，不能采用太阳能电池阵，必须采用核能源系统。太空的环境十分严酷，不仅不利于人类生存，对空间探测器来说也是挑战，因此它需要特殊的防护结构。另外，它在天体表面着陆或行走，也需要具备特殊形式的结构。

飞翔在宇宙的科学家

空间探测器配备有集中了一国甚至全球顶尖技术的照相机、测试仪、分析仪等科学仪器，就像一位飞翔在宇宙的科学家。

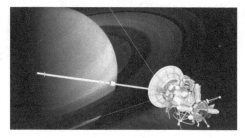

▲ "卡西尼号"太空探测器安装有12台探测设备，还携带了一个可在太空发射的"惠更斯号"探测器。它专门用于探测土星最大的卫星——土卫六（2006年11月10日，美国国家航空航天局报告，"卡西尼号"拍下了在土星南极发生的带眼风暴）

▲ "旅行者2号"被认为是从地球发射的航天器中旅程最丰富的一艘，它造访了4颗气态巨行星（木星、土星、天王星、海王星）及其卫星

▶ "深度撞击号"用于研究"坦普尔1号"彗星核心的成分，于2005年7月4日5时44分（世界标准时间，比北京时间晚8小时）成功撞击"坦普尔1号"彗星的彗核，地球在8分钟后接收到撞击事件的发生信息。此图为"深度撞击号"撞击器分离的一刻（艺术想象图）

通过对"尤利西斯号"发回的数据进行研究，人们发现太阳风其实也有快慢之分，不同维度上太阳风的速度不同

取得的成果

人类依靠空间探测器，通过对太阳系各主要行星的比较研究，进一步认识了地球环境的形成和演变，了解了太阳系的变化历史，探索了生命的起源与演变。

载人航天器

载人航天器就是在绕地球轨道或外层空间按受控飞行路线运行的载人飞行器。1961年第一艘载人航天飞船成功发射，揭开了人类载人航天历史的新篇章。

载人航天器的分类

根据用途和使用情况，目前世界上的载人航天器可以分为三大类，分别是宇宙飞船、航天飞机和空间站。

▲宇宙飞船是一种运送航天员、货物到达太空并能安全返回地面的一次性使用的航天器

◀航天飞机是可重复使用的、往返于太空和地面之间的航天器

▶空间站是一种在近地轨道长时间运行，可供多名航天员巡访、长期工作和生活的航天器

载人航天器的作用

　　载人航天器把人类的活动范围从陆地、海洋和大气层扩展到了太空，帮助人类更广泛、深入地认识宇宙，使人类有机会开发太空极其丰富的资源。

▼ 月球与地球关系密切，是离地球最近的天体，因此它是人类进行空间探测的首选目标

载人航天器与无人航天器的区别

　　载人航天器更加复杂，除了有无人航天器的各种分系统，还具有包括人机对话系统在内的为航天员服务的一系列特设系统，比如生命保障系统、居住系统、应急逃生装置等。

庞大的载人航天系统

　　载人航天器只是庞大的载人航天系统的一个组成部分。除了它，载人航天系统还包括运载火箭、发射场、着陆场、测控和通信系统、应用系统及地面保障设施。

宇宙飞船

宇宙飞船是一种用来运送航天员、货物到太空的航天器。跟空间站和航天飞机相比，它具有体积小、重量轻和成本低等特点，因而是最先投入使用的载人航天器。

世界上第一艘载人飞船

世界上第一艘载人飞船是苏联的"东方1号"宇宙飞船，于1961年4月12日在拜科努尔发射场被发射升空。当时这艘飞船内乘坐的就是人类首位航天员尤里·加加林。

从第一代到第三代

继"东方号"系列后，宇宙飞船经历了从第一代到第三代的快速发展，其中知名的有俄罗斯的"联盟号"飞船、美国的"阿波罗号"飞船、中国的神舟飞船等。

▲ "阿波罗号"飞船

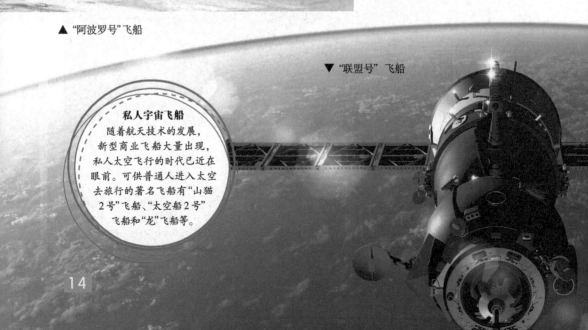

▼ "联盟号"飞船

私人宇宙飞船

随着航天技术的发展，新型商业飞船大量出现，私人太空飞行的时代已近在眼前。可供普通人进入太空去旅行的著名飞船有"山猫2号"飞船、"太空船2号"飞船和"龙"飞船等。

▲ "进步号"无人货运飞船一直担负着为国际空间站运送物资的任务

▲ "龙飞船2号"（又称载人"龙"飞船）是SpaceX公司开发的第二代"龙"飞船

太空巴士

宇宙飞船也被称为太空巴士，作为经济、安全的天地往返交通工具，为空间站接送航天员、提供物资保障立下了汗马功劳。例如，苏联的"联盟15号"飞船，曾在"礼炮7号"空间站与"和平号"空间站间来回飞行并完成对接，成为世界上第一辆太空巴士。

宇宙飞船的分类

　　人类已发射了多种宇宙飞船，可分为载人飞船、货运飞船和载人货运混合飞船。而载人飞船又可分为卫星式载人飞船、登月式载人飞船和行星际式载人飞船。

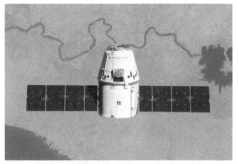

▲ "龙"飞船是目前唯一能将大量货物运回地球的货运飞船，虽然运输能力有限，但可重复使用

宇宙飞船的贡献

　　人类通过宇宙飞船突破并掌握了载人航天的基本技术，实现了千百年来的航天梦想。宇宙飞船也被用于多种科学研究和各项航天技术试验，取得了巨大成果。

▼ "阿波罗11号"是第一艘成功登月的载人飞船

宇宙飞船的构造

随着航天技术的发展,宇宙飞船的构造发生了变化,从第一代的两舱式结构发展到第三代的三舱式结构。

飞船的构造

宇宙飞船通常由轨道舱、返回舱和服务舱三部分组成。比如,"联盟号"飞船主体就由轨道舱、返回舱和服务舱组成。

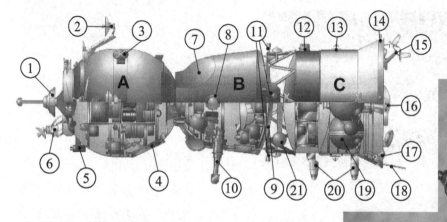

▲ "联盟号"飞船构造示意图

轨道舱(A):①对接机构,②和⑥库尔斯天线,③电视传输天线,④舱口,⑤摄像机

返回舱(B):⑦降落伞舱,⑧舷窗,⑨隔热罩,⑩潜望镜

服务舱(C):⑪和⑰姿态控制引擎,⑫太阳传感器,⑬太阳能电池板连接点,⑭热传感器,⑮航向天线,⑯主推进器,⑱通信天线,⑲油箱,⑳地球传感器,㉑氧气罐

轨道舱

轨道舱是飞船的重点舱段。它前端的对接机构供飞船与其他飞船或空间站对接用,其下端通过密封舱门与返回舱相连。它是航天员在太空中工作、休息的场所。

轨道舱

返回舱

返回舱是载人飞船发射和返回过程中航天员乘坐的舱段。轨道舱和服务舱在完成任务后会坠入大气层中焚毁，只有返回舱是飞船唯一返回地面的部分。

▲ "联盟号"飞船返回舱落地瞬间

气闸舱帮助航天员太空行走

气闸舱是航天员在轨出舱时，为保证飞船舱内气体不全部泄漏到宇宙空间的设备，即供航天员进入太空或由太空返回用的气密性装置。

飞船的气闸舱有两个闸门，一个是与座舱连接的内闸门，另一个是可通向太空的外闸门。航天员出舱前要在座舱内穿好航天服，然后走出内闸门，关闭内闸门，把气闸舱内的空气抽入座舱内，当气闸舱内和舱外压力相等时就可打开外闸门进入太空了。航天员返回气闸舱时按相反的顺序操作。

返回舱

服务舱

服务舱又叫设备舱或仪器舱，通常安装有发动机装置，还有各种遥测系统、通信设备和电力系统等，起保障和服务作用。

服务舱

航天飞机

为了降低发射成本，美国研制了可重复使用的航天器——航天飞机。它集航空、火箭和空间技术于一身，既可以作为运载工具，也可以像人造卫星那样绕地球轨道飞行，然后像普通飞机那样返回地面。

◀"哥伦比亚号"航天飞机致敬海报

"哥伦比亚号"

1981年4月12日，美国第一架航天飞机"哥伦比亚号"从肯尼迪航天中心起飞，在近地轨道飞行54小时后，安全着陆。

"挑战者号"

1983年4月4日，航天飞机"挑战者号"发射成功，这是美国第二架正式使用的航天飞机。它在1986年1月28日执行第10次任务时，不幸发生爆炸，机上7名航天员全部遇难。

◀"挑战者号"航天飞机致敬海报

"发现号"

　　"发现号"是美国建造的第三架航天飞机。它第一次飞行是在1984年8月30日，载6名航天员升空。直到2011年3月7日，它才从太空退役。

▲ "发现号"航天飞机致敬海报

"亚特兰蒂斯号"

　　1985年10月3日，"亚特兰蒂斯号"首航，成为美国的第四架航天飞机。它多次完成举世瞩目的太空飞行任务，于2011年7月21日正式退役，宣告了美国航天飞机时代的结束。

命运坎坷的"暴风雪号"

　　在航天飞机研制上，苏联为了抗衡美国，于1976年决定研发可重复利用的航天器。1988年11月15日，"暴风雪号"航天飞机从拜科努尔发射场首次发射升空，47分钟后进入距地面250千米的圆形轨道。它绕地球飞行两圈，在太空遨游3小时后，按预定计划于9时25分安全返航，准确降落在离发射点12千米外的跑道上，完成了一次无人驾驶的试验飞行。

　　1993年该航天项目由于经济原因被取消，"暴风雪号"航天飞机被存放于拜科努尔发射场的一个机库里。2002年机房倒塌，"暴风雪号"航天飞机被砸毁。

▲ "亚特兰蒂斯号"航天飞机致敬海报

▼ "奋进者号"航天飞机致敬海报

"奋进者号"

　　"奋进者号"是美国国家航空航天局研制的最后一架航天飞机。它首次飞行是在1992年5月7日，2011年5月16日完成最后一次太空飞行后退役。

航天飞机的构造

航天飞机由三部分组成，分别是轨道飞行器、两个固体火箭助推器和一个巨大的外贮箱。除外贮箱不能回收外，其他主要部件都能回收和重复使用。

外贮箱

固体火箭助推器

固体火箭助推器

轨道飞行器

轨道飞行器

轨道飞行器是航天飞机的主体部分，其外形是一个三角翼滑翔机，由机体和机翼等组成。机体的前段是航天员座舱，中段为货舱，后段装有三台主发动机。

接受挑战的轨道飞行器

轨道飞行器是整个航天飞机系统中唯一可以载人且真正在地球轨道上飞行的组件。它所经历的飞行过程及环境比普通飞行要恶劣得多，既要有适于在大气层中以高超音速飞行和水平着陆的气动外形，又要能承受再入大气层时高温气动加热的防热系统。与宇宙飞船的防热层不同，轨道飞行器采用的是可重复使用的防热瓦，它的外表贴有3万多块防热瓦，最高可承受1650℃的高温。这就保证了轨道飞行器能安全返回大气层中，最终在机场跑道上顺利着陆。

固体火箭助推器

固体火箭助推器连接在外贮箱两侧，为航天飞机垂直起飞和飞出大气层提供约 80%的推力。

◀ 航天飞机固体火箭助推器

外贮箱

外贮箱是航天飞机上最大的部件，它连接轨道飞行器和固体火箭助推器，用于贮存液氢和液氧推进剂并向主发动机输送推进剂。

▲ 运输航天飞机外贮箱

轻微轨道调整推进器

向后伸的尾翼能帮助机体着陆

航天飞机外围有防热瓦保护层，这使它能耐受几千摄氏度的高温,安然穿越大气层

空间站

　　为了更好地了解和研究太空,人类在太空建立了太空基地——空间站。它可以在近地轨道上长时间运行,供多名航天员在太空生活、工作。

安装在国际空间站上的气闸模块

国际空间站上的哥伦布科学实验舱

带有多功能实验舱的曙光小型研究模块(包括实验气闸、散热器和活动机械臂)

▲ 整个空间站由众多组件构成

整体构造

　　空间站可分为单舱式空间站和多舱式空间站。单舱式空间站可以一次发射建成;多舱式空间站由运载火箭分次将组件发送到太空,再进行对接、组装,就像搭积木一样。

空间站的特点

　　所有的空间站都不具有返回地面的功能;此外,空间站体积比较大、结构复杂,在轨道飞行时间较长,有多种功能,能开展多项太空科研项目。

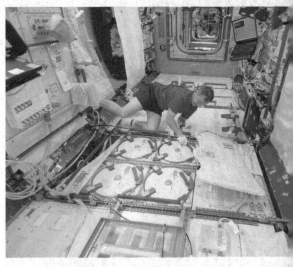
▲ 空间站工作人员储存实验样本

"和平号"空间站

　　"和平号"空间站于 1986 年 2 月 20 日开始在太空建造，苏联解体后由俄罗斯接管。"和平号"空间站的设计大胆创新，采用多舱积木式结构。它最大的特点是率先升空的核心舱上有 6 个对接口，先后对接了 5 个专用实验舱及联盟系列载人飞船、进步系列货运飞船，形成了庞大的空间复合体。1995 年 6 月 29 日，"和平号"空间站与美国的"亚特兰蒂斯号"航天飞机首次对接。

▲ "联盟 TMA-21号" 载人飞船和"进步 M-10M 号"货运飞船停靠在国际空间站上

著名的空间站

　　世界上第一个空间站是苏联的"礼炮 1 号"，美国和俄罗斯后来又建造了天空实验室、"和平号"空间站。目前还在太空运行的空间站只有国际空间站和中国的天宫空间站。

23

空间站的构造

从 1971 年人类发射第一个空间站"礼炮 1 号"至今,空间站的构造不断发展,目前,空间站的结构可分为三类:单舱结构、多舱积木式结构、桁架式结构。

单舱结构

单舱结构并不意味着空间站仅有一个舱室,而是指空间站作为一个单体航天器,通过一次发射即可升空入轨,比如苏联的"礼炮号"空间站、美国的天空实验室和中国的天宫空间站。

◀ 图为"礼炮 7 号"空间站的模型。"礼炮 7 号"是苏联"礼炮计划"中的最后一个空间站,其后继者为"和平号"空间站

◀ "和平号"空间站核心舱是基于"礼炮 7 号"设计的,是"和平号"空间站第一个发射升空的组件

为什么没有环形空间站?

在科幻电影《流浪地球》中,太空中的空间站是环形的。为什么目前我们没有建造环形空间站呢?因为科幻电影中人们在空间站常住,需要重力,环形空间站可以通过旋转让里面的人感觉是在重力下生活。而我们现在建造的空间站更像是太空中的驿站,主要目的是帮助人类研究太空,并不像科幻电影中在宇宙巡航,因此重力并不是必需的。

另外,目前空间站的部件都是通过火箭运载到太空的,而火箭运载物的大小和重量都有限,若建造更庞大的环形空间站则需要更多的资金和时间,这对我们来说还是有困难的。

◀ 天空实验室是美国国家航空航天局于 1973 年发射的空间站,1979 年 7 月坠入大气层并烧毁

多舱积木式结构

　　"和平号"空间站是世界上第一个采用多舱积木式结构的长久性空间站,由多个舱段逐次交会、对接后像积木一样拼接而成。它让航天员在太空的家从"一居室"变成了"多居室"。

▶ 从"奋进号"航天飞机上看到的"和平号"空间站,左边是一艘"进步号"货运飞船,右边是一艘"联盟号"载人飞船

桁架式结构

　　桁架式结构就像整个空间站的"脊柱"贯穿首尾,所有的舱室、设备都连接在桁架上。国际空间站就是桁架式结构,它是目前结构最复杂、体积最大的在轨航天器。

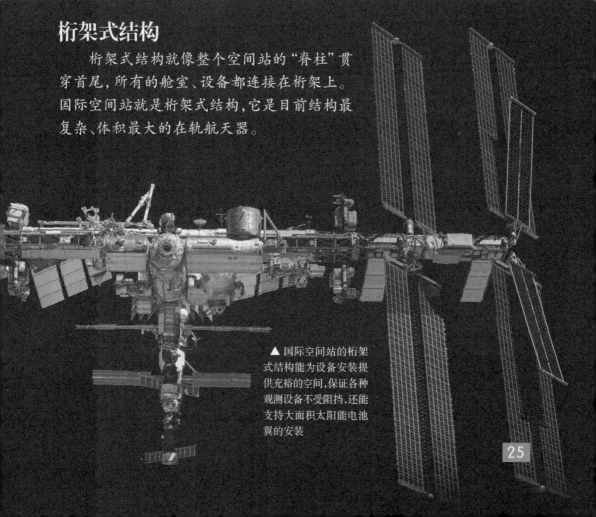

▲ 国际空间站的桁架式结构能为设备安装提供充裕的空间,保证各种观测设备不受阻挡,还能支持大面积太阳能电池翼的安装

载人航天的历史

载人航天是指人类驾驶或乘坐载人航天器在太空进行各种探测、试验、研究、生产和军事应用的往返飞行活动。火箭成为运载工具后，人类展开了波澜壮阔的载人航天探索。

准备进入太空

1957年10月4日，第一颗人造地球卫星在苏联发射成功，人类由此拉开了航天时代的序幕。随后，苏联和美国相继进行了将动物送入太空的实验，为人类安全进入太空做准备。

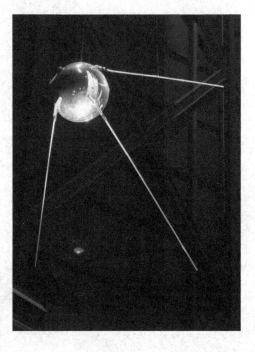

▶ 第一颗人造地球卫星"斯普特尼克1号"为铝合金做成的圆球，绕地球飞行了约1400圈

人类的首次太空飞行

1961年4月12日，苏联成功发射了世界上第一艘载人飞船"东方1号"。航天员尤里·加加林乘坐飞船绕地球飞行一圈，历时108分钟，最终顺利返回地球。这是人类历史上第一次载人航天飞行。

◀ 尤里·加加林

登上月球

为了在太空领域超越苏联,1961年,美国正式启动"阿波罗登月计划"。1969年7月20日,航天员尼尔·阿姆斯特朗踏上月球,首次实现了人类登月的梦想。

常驻太空

为了在太空建造供航天员长期生活和考察的基地,从20世纪70年代起,人类就开始建造空间站,先后建造了"礼炮号"空间站、天空实验室、"和平号"空间站、国际空间站和天宫空间站。

▲ 尼尔·阿姆斯特朗

▼ "发现号"航天飞机起飞

▲ 空间站能提供地面实验设施所不能提供的低重力、宇宙空间环境等条件,可用于各种科学研究

"自由"出入太空

1981年,为了实现自由出入太空,美国研制了可部分重复使用的航天飞机,使它集运载火箭、宇宙飞船和太空实验室于一身。不过,航天飞机因成本太高,使用率较低。

探索太阳系

从 1959 年开始，人类通过各种空间探测器相继考察了月球，探测了太阳及太阳系的各大行星、哈雷彗星等，对太阳系进行了全面探索。

太阳探测

太阳是太阳系的中心天体，人类从古至今都在探索它的奥秘。1960 年，美国发射了第一颗太阳探测器，至今已发射的知名太阳探测器有"尤利西斯号""SOHO 号""帕克号"等。

月球探测

太空时代来临后，人类对月球的探测最详细，并且有航天员登上月球进行过实地考察。至今，人类已相继发射了100 多颗月球探测器，并取回了大量月球岩石和土壤标本。

水星探测

水星距离太阳最近，公转速度是太阳系天体中最快的，加上水星几乎没有大气层，因此人类探测水星困难重重。截至 2021 年，只有"信使号"探测器完成了环绕水星的使命。

金星探测

金星是距离地球轨道最近的一颗行星。人类对它充满了好奇，从 1961 年开始发射"金星 1 号"探测器，至今已对其进行了飞掠、着陆、环绕轨道等方式的探测。

火星探测

人类对火星的探测几乎贯穿整个航天史，因为火星上可能存在生命。至今，只有美国和中国的探测器成功登陆火星。

木星探测

早期对木星进行探测的是行星探测器——美国的"先驱者10号"和"旅行者号"。从1989年起，美国先后发射了木星探测器"伽利略号"和"朱诺号"，探索木星的形成、进化和结构等。

土星探测

最早探测土星的是美国的"先驱者11号""旅行者1号""旅行者2号"。1997年，人类发射了著名的土星探测器——"卡西尼-惠更斯号"，它发现土星的卫星土卫六上存在液态甲烷海洋。

天王星探测

"旅行者2号"探测器在1986年飞掠天王星，进行探测，获得了天王星的大量科学数据以及更为精确的卫星、行星环数量。

海王星探测

人类至今没有发射专用探测器去探访海王星，只在1989年派遣了"行者2号"去探测它。

"旅行者2号"发现了海王星的大黑斑，并发现海卫一是太阳系中已知最冷的天体。

"触摸"太阳的"帕克号"

2018年8月12日，美国成功发射"帕克号"太阳探测器，史无前例地近距离观测了太阳。"帕克号"探测器超越了太阳的日球层，抵达距太阳约2400万千米处，搭载的仪器对日冕中的活动进行了观测。这是人类首次直接"触摸"太阳，对人类更深入地了解太阳有极大的帮助。

跑得最远的空间探测器

"旅行者1号"是美国国家航空航天局在1977年9月5日发射的空间探测器，它先后探访过木星、土星和土卫六。1980年11月20日，它结束了土星探测任务后，开始了星际探索。2019年10月23日，"旅行者1号"处于离太阳211亿千米的距离上，这个距离是地球与太阳间距离的100多倍。它也是所有飞行器中距离地球最远的。

彗星、矮行星和小行星探测

人类探测彗星、矮行星及小行星，主要是为了了解太阳系的形成和演化。目前，人类已发射多颗彗星探测器和小行星探测器，还有一颗探测矮行星冥王星的探测器——"新地平线号"

火星探测工程

　　火星是太阳系八大行星之一，按离太阳由近及远的次序排列为第四颗，也是除金星外距离地球最近的行星。火星探测是指人类通过向火星发射空间探测器，对火星进行科学探测的活动。

艰难探索

　　苏联最早开始火星探测，前后五次发射探测器都以失败告终。1962年发射的"火星1号"成功进入了前往火星的航行轨道，但最终与地面失联。不过，人类从未放弃对火星的探索。

成功进入环绕火星轨道

　　第一颗成功进入环绕火星轨道的探测器是美国研制的"水手9号"，它从1971年起在火星轨道上工作了一年多，发回了7329张照片，还对火星的两颗卫星进行了探测，取得了空前成功。

▲ "火星1号"探测器内安装了多种科学研究设备和通信设备，计划研究火星附近的宇宙射线、磁场、微陨石和大气环境乃至有机物构成等

▼ "水手9号"

▼ "水手9号"所观察到的火星水手谷西部的诺克提斯迷宫

▲ 火星快车探测器已环绕火星超过 5000 次，并传回大量资料与地表影像

新发现

2003 年 6 月 2 日，欧洲航天局的火星快车探测器发射升空。2004 年 1 月 23 日，欧洲航天局宣布，探测器发现火星南极存在冰冻水。至此，人类首次直接在火星表面发现水。

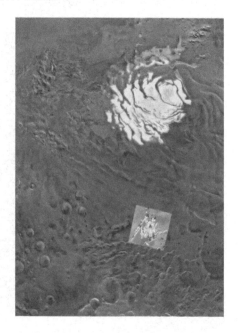

▶ 火星南极仲夏的冰盖（2000 年）

未来可期

未来，将有更多探测器被送往火星，以进一步探索这颗神秘的红色星球。由于与地球有许多相似之处，火星成为人类太空移民的首选地。

▼ 火星载人航天器概念图

▼ 火星地形图（局部），中央为东经 180 度，海拔由低到高呈现为蓝、绿、黄、红、白色

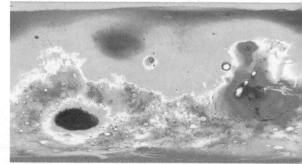

太空环境

太空是继陆地、海洋、大气层之后人类的第四种生存环境。不过，与另外三种环境相比，太空环境对人类来说要复杂、危险得多。

▲ 蜡烛在地球上燃烧（左）与在微重力状态下（例如国际空间站上的环境）燃烧（右）形成的火焰比较

真空

距离地面越高，大气越稀薄。到了太空，大气已经稀薄到人类不能直接呼吸的地步，那里几乎就是一个真空环境。

▶ 这幅《气泵里的鸟实验》描绘的是18世纪一位西方科学家将鹦鹉放进被抽干空气的玻璃箱里，来测试真空对生物的影响的场景

失重

当航天器飞到太空时，地球或其他天体对它的引力正好被它的惯性力所抵消，因而会处于失重或称微重力的状态下。在微重力环境中，航天器内的物体和航天员都会飘浮起来。

◀ 失重环境下的水珠

在太空流泪会怎样？

如果航天员在太空流泪，眼泪一点点从泪腺分泌出后，并不会滑落，而是聚集在眼睛周围，变成一团晶莹剔透、晃晃悠悠的水球，就像黏黏的果冻。要是航天员把眼泪甩到空中，它们就会形成大大小小的球形水珠飘来飘去。

极端温度

太空没有空气传热和散热，因此航天器受阳光直接照射的一面可产生高达100℃以上的高温，而背阴的一面温度可低至−200℃～−100℃。

▲ 在太空中，阳光直射面和背阴面的温差非常大

强辐射

太空辐射极强，主要来自太阳和银河系高能宇宙射线等。载人航天器只能在 300~500 千米高的近地轨道运行，因为再高就进入了辐射带，会严重威胁航天员的生命安全。

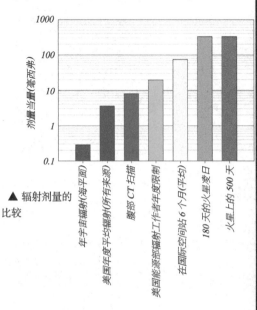

剂量当量（毫西弗）

- 年宇宙辐射(海平面)
- 美国年平均辐射(所有来源)
- 腹部CT扫描
- 美国能源部辐射工作者年度限制
- 在国际空间站6个月(平均)
- 180 天的火星夏日
- 火星上的 500 天

▲ 辐射剂量的比较

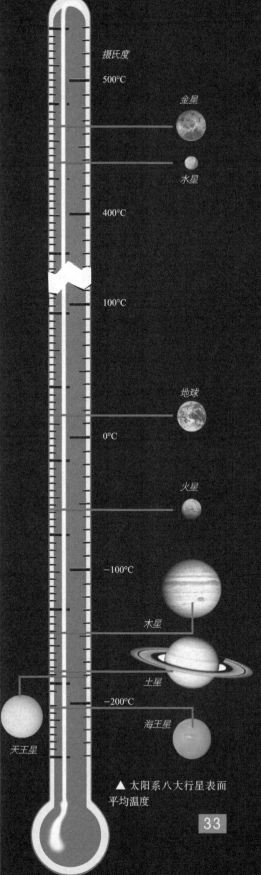

摄氏度

- 500℃ 金星 水星
- 400℃
- 100℃
- 0℃ 地球
- 火星
- −100℃ 木星
- 土星
- −200℃ 海王星
- 天王星

▲ 太阳系八大行星表面平均温度

33

进入太空的动物

太空的生存环境特殊，人类要进入太空，就必须了解太空环境对细胞生物的影响。因此，在人类进入太空之前，许多动物被科学家送入了太空。

乘坐火箭的果蝇

1947 年，科学家用 V-2 火箭把果蝇送到 109 千米高的临界太空，因为果蝇的部分基因跟人类的基因相似，可以以此探索太空环境对人类的影响。果蝇至今仍然是太空的常客。

▶ 1949 年 6 月 14 日，美国发射火箭将第一只哺乳动物——一只名叫阿尔贝二世的恒河猴送入太空

第一只环绕地球飞行的动物

1957 年 11 月 3 日，小狗莱卡乘坐苏联发射的第二颗人造卫星，顺利进入太空，成为第一只环绕地球飞行的动物。不幸的是，小狗莱卡在起飞后不久，就因恐惧和中暑而死亡。

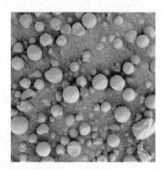

▲ 在火星探测漫游者任务中，美国国家航空航天局将火星上的某一种土壤命名为"莱卡"

◀ 莱卡原先是莫斯科街头的流浪狗，后来成为史上最早进入太空的动物之一，也是第一只进入地球轨道的动物

动物"航天员"黑猩猩

1961年1月,3岁的黑猩猩哈姆乘坐美国"水星号"飞船,在太空中飞行了18分钟,并体验了6分30秒的失重。哈姆毫发无损地回到了地球,25岁时去世。

在空间站结网的蜘蛛

1973年5月,两只蜘蛛被送入天空实验室空间站,用于研究它们在失重环境下能否继续织网。其中一只叫阿拉贝拉的蜘蛛在空间站成功结网,并活着返回了地球。

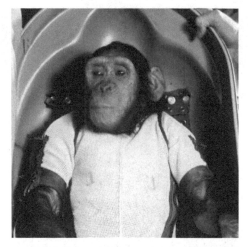

▲ 哈姆是第一只进入太空的类人猿,被誉为"太空先驱"

▲ 第一个在太空中织成的蜘蛛网

中国的太空明星蚕宝宝

2016年10月17日,6只蚕宝宝搭载"神舟十一号"飞船进入太空,在"天宫二号"安了家。蚕宝宝们在太空中顺利吐丝结茧,回到地球后成功化蛹为蛾,并产下了蚕卵。

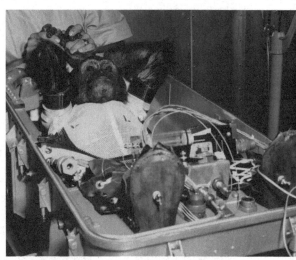

▲ 黑猩猩伊诺斯穿着太空服,正准备进入"阿特斯拉5号"的太空舱,一名训练员握着它的手

小鱿鱼和水熊虫一起进入太空

2021年6月3日,"龙"飞船从位于佛罗里达州的肯尼迪航天中心发射。这一次,美国国家航空航天局安排"龙"飞船搭载128只小鱿鱼和5000只水熊虫,将它们送入国际空间站。小鱿鱼和水熊虫都以能忍受极端环境而闻名,能够在没有食物或水的情况下存活长达30年。此次发射的目的是研究水熊虫对太空微重力环境的反应,以及太空飞行对微生物和动物的影响。这一研究将有助于制订保护措施,以便维护长期执行太空任务的航天员的健康。

第一次进入太空

1961年4月12日，苏联在拜科努尔发射场发射了一枚"东方号"运载火箭，将有航天员乘坐的"东方1号"宇宙飞船成功送入太空，这是人类第一次进入太空。

▶ "东方号"运载火箭

"东方1号"宇宙飞船

"东方1号"是第一艘成功载人的宇宙飞船，它由两部分组成，上端是球形的乘员舱，下端是仪器舱，形状是圆台圆锥的结合体。

▲ "东方1号"宇宙飞船控制面板的一部分

▶ "东方1号"宇宙飞船是东方系列宇宙飞船中的第一艘，也是世界上第一艘载人飞船

▲ "东方 1 号"宇宙飞船模型

绕地球轨道飞行

　　人类第一次进入太空后，成功绕地球轨道飞行了一周。"东方 1 号"宇宙飞船进入的是近地点 180 千米、远地点 230 千米的椭圆形地球轨道，取得了出色的飞行成果。

▲ "东方 1 号"宇宙飞船的完整轨迹，着陆点在发射点的西面

梦想变为现实

　　"东方 1 号"宇宙飞船首次太空飞行成功，实现了人类千百年来的航天梦想，把 20 世纪初伟大的航天先驱者的理论变成了现实。

航天员

　　航天员是乘坐航天器进入太空工作的人。航天员的主要工作有操作航天器、完成飞行任务、维修和管理航天器的设备等。目前，全世界已有 500 多名航天员进入过太空。

世界第一位女航天员

　　航天史上第一位女性航天员是苏联航天员瓦莲京娜·捷列什科娃。她于 1963 年 6 月 16 日乘坐"东方 6 号"宇宙飞船进入太空，绕地球 48 圈，飞行约 71 小时。

▶瓦莲京娜·捷列什科娃

太空漫步第一人

1965年3月18日，苏联航天员阿列克谢·列昂诺夫搭乘"上升2号"宇宙飞船进入太空。在飞行期间，他走出飞船，在太空行走了12分9秒，成为人类史上太空漫步第一人。

▲ 阿列克谢·列昂诺夫

在太空停留时间最长的航天员

2015年，俄罗斯航天员根纳季·帕达尔卡完成最后一次任务，从国际空间站返回了地球。至此，他在太空累计停留时间达到879天，创造了太空停留时间的新纪录。

最"倒霉"的航天员：滞留太空，国家"没了"

1991年5月18日，苏联航天员谢尔盖·克里卡廖夫再次乘坐"联盟TM-12号"飞船前往"和平号"空间站执行任务。按照原定计划，谢尔盖·克里卡廖夫会在10月返回地球。然而1991年夏天，苏联政局动荡起来，接航天员回家的安排受到了影响，1991年12月26日，苏联解体。谢尔盖·克里卡廖夫和同伴因此在太空滞留了311天，后期是靠美国的生活物资接济，才活了下来。直到1992年3月17日，身心疲惫的谢尔盖·克里卡廖夫和同伴才乘坐"联盟TM-13号"飞船返回地球，他们也被人们戏称为史上最"倒霉"的航天员。

▲ 根纳季·帕达尔卡是俄罗斯第89位航天员，世界上第384位航天员。他曾5次进入太空，10次进行舱外活动

▶ 在"码头号"对接舱，根纳季·帕达尔卡和他的奥兰航天服（上图）

2012年8月，根纳季·帕达尔卡进行了一次太空行走，将货运吊杆从"码头号"对接舱移至"曙光号"功能货舱（下图）

世界第一位航天员

尤里·加加林是第一个进入太空的人类，也是第一个从太空中看到地球全貌的人。

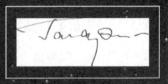

▲ 加加林的签名

小航空迷

1934年3月9日，加加林出生于苏联斯摩棱斯克州的一个农庄。加加林小时候就是个航空迷，曾经看到一架苏联"雅克"战斗机在家附近的旷野中紧急迫降，他为此兴奋不已。

业余时间学习飞行

加加林从小聪明好学，成绩优秀。中学毕业后，他进入萨拉托夫工业技术学校学习。在读期间，他加入了萨拉托夫航空俱乐部，业余时间学习飞行。

成为飞行员

从工业技术学校毕业后，加加林又进入航空军事学校正式学习飞行。1957年，加加林加入苏联军队，成为空军的一名歼击机飞行员。

成为苏联首位航天员

1959年10月，加加林在全国航天员选拔中脱颖而出，成为苏联第一批航天员之一。次年3月，他在苏联航天员训练中心接受培训，最终凭借优秀表现成为苏联首位航天员。

进入太空第一人

1961年4月12日，加加林乘坐"东方1号"宇宙飞船进入太空，在最大高度为301千米的轨道上绕地球一周，历时108分钟，完成了世界上首次载人宇宙飞行。

飞机遇难去世

1968年3月27日，加加林和飞行教练员谢廖金在一次例行训练飞行中，因双座喷气式飞机坠毁而遇难，去世时年仅34岁，令世人叹息。

宇宙时代的象征

为纪念加加林首次进入太空的壮举，俄罗斯把每年的4月12日定为宇航节，并在这一天举行隆重的纪念活动，缅怀这位英雄人物。2011年联合国大会通过决议，宣布将每年的4月12日定为"载人空间飞行国际日"。另外，国际航空联合会设立了加加林金质奖章，月球背面的一座环形山也以他的名字命名。加加林成为宇宙时代的象征。全世界都在纪念这位伟大的人类英雄。

▲ 2001年，俄罗斯发行10卢布加加林太空飞行40周年纪念币

▲ 1961年，加加林在华沙

▲ 1961年，巴西总统雅尼奥·奎德罗斯（右一）向加加林（左二）授勋

▲ 1961年6月26日，古巴最高领导人菲德尔·卡斯特罗（左）会见加加林

▲ 1963年8月19日，加加林（左二）和朋友在野餐

▲ 1964年，瑞典班迪球决赛中的加加林（左一）

▲ 1964年，加加林和妻子瓦伦蒂娜在莫斯科的一场音乐会上

水星计划

　　美国的第一个载人航天计划是水星计划。1958年10月7日，刚成立一周的美国国家航空航天局宣布正式展开载人飞船工程，后将该工程命名为"水星计划"。

水星计划的目标

　　在苏联成功发射首颗人造卫星后，美国决定赶超，于是制订了水星计划，目标是在苏联之前，用飞船把航天员送入太空，并绕地球轨道飞行，最后安全返回。

▶ 水星计划7人组（7位航天员），从左到右依次为：格里森、谢泼德、卡彭特、施艾拉、斯雷顿、格伦、库勃

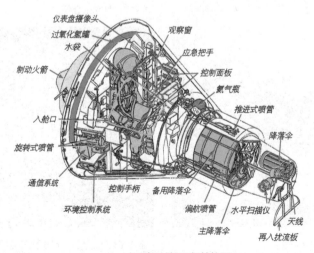

仪表盘摄像头　　　　观察窗
过氧化氢罐
水袋　　　　　　　　应急把手
制动火箭　　　　　　控制面板
　　　　　　　　　　氮气瓶
入舱口
旋转式喷管　　　　　推进式喷管
　　　　　　　　　　降落伞
通信系统
环境控制系统　控制手柄　偏航喷管
　　　　　　　　　　水平扫描仪
　　　主降落伞　备用降落伞　天线
　　　　　　　　再入扰流板

▲ "水星号"飞船结构图

美国的第一代载人飞船"水星号"

　　"水星号"飞船总长约2.9米，最大直径1.8米，重约1.3~1.8吨，设计的最长飞行时间为2天。它由圆台形座舱和圆柱形伞舱组成，顶端还有一个高约5米的救生塔。

美国首次载人轨道飞行

1962 年 2 月 20 日，航天员约翰·格伦乘坐"水星号"飞船"友谊 7 号"升空。飞船在 260 千米高的地球轨道上飞行了 3 圈。美国首次载人轨道飞行取得成功，但比苏联晚了 10 个月。

▲ 约翰·格伦

▲ 约翰·格伦在轨状态

水星计划的执行情况

从 1961 年 5 月到 1963 年 5 月，美国一共发射了 6 艘载人的"水星号"飞船，前 2 艘飞船仅完成了绕地球不到一圈的亚轨道飞行，后 4 艘则成功进行了载人轨道飞行。

▶ 水星计划之后，美国国家航空航天局设计的"信仰 7 号"纪念徽标

▲ 1963 年，位于卡纳维拉尔角的水星计划控制中心

美国第一位进入太空的航天员

1961 年 5 月 5 日，"水星号"飞船"自由 7 号"发射升空，艾伦·谢波德乘坐这艘飞船进入太空。虽然这次发射是一次亚轨道飞行，飞船上升的最大高度为 186 千米，艾伦·谢波德只有 5 分钟的太空失重经历，但他仍是美国第一位进入太空的航天员。

▶ 艾伦·谢波德

"自由 7 号"　"自由钟 7 号"　"友谊 7 号"　"极光 7 号"　"西格马 7 号"　"信仰 7 号"

▲ 自谢波德的"自由 7 号"起，之后水星计划的其他航天员都为他们的飞船取了一个以"7 号"为结尾的名字，以彰显他们的团队精神

航天服

航天服是保障航天员生命活动和工作能力的个人密闭装备。航天服可分为舱内航天服和舱外航天服，能保障航天员在太空真空、高低温等环境中的安全，使他们更好地探索宇宙。

▲ 舱内航天服

舱内航天服

舱内航天服是航天员在航天器发射、返回和在轨道运行期间发生密闭舱失压等事故时穿的。它由航天头盔、压力服、应急供氧与通风管路、手套、靴子等部件组成。

舱外航天服

舱外航天服的功能十分强大，它穿在航天员的身上就像一个人形的小型宇宙飞船，为航天员在太空的活动提供更多保护。

▶ 舱外航天服

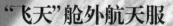

"飞天"舱外航天服

"飞天"舱外航天服由我国自主研发，最新款仅重130千克，穿上只需5分钟，具有"重而不笨、行动灵活"的特点。它已帮助我国航天员在空间站出色地完成了出舱任务。

尿不湿的诞生跟航天服有关？

1961年人类首位航天员加加林在即将步入发射舱时，突然感到尿急，但是由于航天服穿脱起来太麻烦，只好将尿顺着航天服的管子向外排。同年，因飞船迟迟不能发射而尿急的美国航天员谢泼德，最终冒着风险尿在了航天服里。为了解决航天员在太空经常会遇到的这一难题，美国后来研制出了尿不湿。当时，尿不湿主要用在航天服上，后来慢慢走向民用，就有了婴儿使用的尿不湿。

45

太空行走

太空行走又称出舱活动，通常指航天员出舱进入太空来检查和维修航天器设备、进行科学实验等行动。从 1965 年起，人类已进行了数百次太空行走。

▲ 列昂诺夫作为副驾驶，与航天员帕维尔·贝利亚耶夫搭档，在"上升 2 号"任务中完成出舱活动

惊心动魄的首次太空行走

1965 年 3 月 18 日，苏联航天员列昂诺夫第一次在太空行走。由于航天服在真空发生膨胀，列昂诺夫返回时被卡在舱口，经过 8 分钟的挣扎才回到飞船中。

美国的首次太空行走

1965 年 6 月 3 日，美国航天员爱德华·怀特完成了太空行走 23 分钟的壮举，他还利用"喷气枪"自主调整方向，创造了太空行走的新纪录。

自由行走

在早期的太空行走中，航天员与飞船之间都会有一根"脐带"相连接。1984 年 2 月，美国航天员布鲁斯·麦坎德利斯借助具备推进功能的背包式航天服，离开航天飞机，得以在太空中自由行走。

▲ 爱德华·怀特在执行"双子星 4 号"任务时，漫步太空

◀ 布鲁斯·麦坎德利斯成为第一个不靠缆绳连接而在太空中漫步的航天员

中国的首次太空行走

　　2008 年 9 月 27 日 16 时 43 分，我国航天员翟志刚从"神舟七号"飞船出舱，在太空迈出第一步，并于 16 时 59 分成功返回飞船中，完成了我国首次太空行走的壮举。

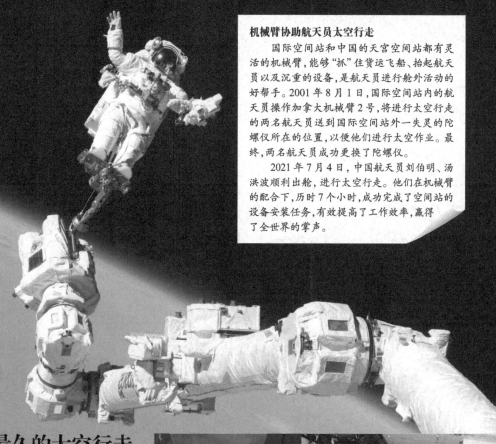

机械臂协助航天员太空行走

　　国际空间站和中国的天宫空间站都有灵活的机械臂，能够"抓"住货运飞船、抬起航天员以及沉重的设备，是航天员进行舱外活动的好帮手。2001 年 8 月 1 日，国际空间站内的航天员操作加拿大机械臂 2 号，将进行太空行走的两名航天员送到国际空间站外一失灵的陀螺仪所在的位置，以便他们进行太空作业。最终，两名航天员成功更换了陀螺仪。

　　2021 年 7 月 4 日，中国航天员刘伯明、汤洪波顺利出舱，进行太空行走。他们在机械臂的配合下，历时 7 个小时，成功完成了空间站的设备安装任务，有效提高了工作效率，赢得了全世界的掌声。

最久的太空行走

　　2001 年 3 月 11 日，美国航天员苏珊·赫尔姆斯和詹姆斯·沃斯从国际空间站出舱，在太空行走 8 小时 56 分。这是史上单次时间最长的太空行走。

▶ 苏珊·赫尔姆斯　　　　　　▲ 詹姆斯·沃斯

第一座空间站

1971 年 4 月 19 日，苏联发射并组装世界上第一座空间站"礼炮 1 号"，开辟了载人航天的新领域。"礼炮 1 号"在轨道上共运行了 175 天，于 1971 年 10 月 11 日坠入大气层中被烧毁。

"礼炮 1 号"的结构

"礼炮 1 号"总长约 15.8 米，最大直径 4.15 米，由 3 个直径不同的柱形舱段组成，头部是直径超过 2 米的对接过渡舱，中间是双圆柱体工作舱，尾部是服务舱。

对接过渡舱

对接口舱口

服务舱

工作舱

▲ "礼炮 1 号"与"联盟 11 号"对接示意图

对接过渡舱

对接过渡舱顶端有一个直径 2.2 米、长 3.7 米的锥形对接口，用于与"联盟号"飞船对接。航天员和物资从这个对接口进出空间站。

工作舱(又叫轨道舱)

工作舱是"礼炮 1 号"的"心脏"，由直径分别为 2.9 米和 4.1 米的两个圆筒组成，总长 9.1 米，内部容积为 85 立方米，供航天员工作、休息和睡眠，舱内的小气候保持与地面相同。

服务舱(又叫仪器/推进舱)

位于尾部的服务舱长 2.17 米，直径 2.2 米，舱内包含了控制和通信装置、电力供应、维生系统及其他辅助装置。另外，只有服务舱是非密封舱。

"礼炮1号"的曲折接待经历

"礼炮1号"空间站是第一代空间站，具有试验性质，因此又叫试验性空间站。它在太空期间，只接待了一批航天员，接待经历比较曲折。

第一次闭门不开

1971年4月23日，"礼炮1号"空间站在太空孤独运行4天后，迎来了第一批"房客"，就是"联盟10号"送来的3名航天员。在经过24小时轨道和姿态调整后，"礼炮1号"终于跟"联盟10号"成功对接，可是航天员却怎么也打不开"礼炮1号"的舱门。5.5小时后，他们十分扫兴地乘返回舱回到了地面。

第二次"房客"遇难

1971年6月7日，"礼炮1号"与"联盟11号"飞船成功对接，3名航天员在站内生活、工作23天，完成了大量的科学实验项目。6月29日，3名航天员乘"联盟11号"飞船返回地球的过程中，座舱减压阀发生了故障，导致舱内空气损失，他们由于没有穿航天服，结果缺氧窒息，不幸全部遇难。

▶ 纪念"联盟11号"遇难航天员的邮票，背景图案就是"礼炮1号"空间站

阿波罗登月计划

阿波罗登月计划是美国的第三个载人航天计划，开始于 1961 年 5 月，到 1972 年 12 月第 6 次登月成功结束。它是世界航天史上具有划时代意义的一项工程。

奋起直追

在苏联实现人类首次载人太空飞行后，美国不甘落后，于 1961 年制订了新的阿波罗计划，目标是把航天员送上月球，一举赶超苏联，成为探索宇宙的最强国。

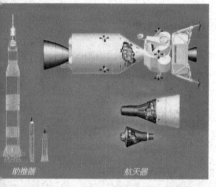

助推器　　　　航天器

新的火箭和飞船

为了顺利登上月球，美国不惜投入巨大成本，研制了新的土星系列运载火箭和阿波罗系列飞船。最终完成登月载人任务的是"土星 5 号"运载火箭和"阿波罗 11 号"飞船。

◀ "阿波罗号"飞船（最大）、"双子座号"飞船和"水星号"飞船（最小）的助推器和航天器

曲折的登月试验

登月是一段非常复杂的飞行旅程，因此美国进行了大量试验。从 1966 年至 1969 年，美国连续发射了 10 艘"阿波罗号"飞船，进行了多次无人飞行试验和载人飞行试验，过程十分曲折。

◀ 北美东部时区 1969 年 7 月 16 日 9 时 32 分.装载"阿波罗 11 号"飞船的"土星 5 号"运载火箭点火

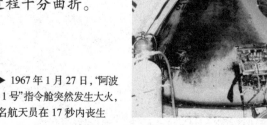

▶ 1967 年 1 月 27 日，"阿波罗 1 号"指令舱突然发生大火，3 名航天员在 17 秒内丧生

梦想成真

　　1969 年 7 月 16 日，"阿波罗 11 号"终于载着 3 名航天员向月球出发。7 月 20 日 22 时 56 分（美国东部时间），航天员阿姆斯特朗踏上月球。人类数千年的登月梦想终于成真。

"阿波罗 11 号"的登月过程

　　"土星 5 号"把"阿波罗 11 号"送入绕月球运行的轨道后，航天员阿姆斯特朗和奥尔德林进入登月舱准备登月，科林斯留在指令舱内，等待登月舱返回。阿姆斯特朗和奥尔德林利用登月舱的下降舱发动机减速，顺利降落到月球上。他们踏上月球，完成指定任务后，再乘坐登月舱的上升舱起飞，与指令舱会合。最后飞船指令舱在服务舱发动机的推动下，离开月球轨道，返回地球。

▲ 从左至右：阿姆斯特朗、科林斯、奥尔德林

登月第一人

　　登月舱降落 6 个多小时后，首先打开舱门的航天员阿姆斯特朗迈出左脚，成为第一位登上月球的人类。他在月球上迈出的一小步，却是人类航天史上的一大步。

▲ 奥尔德林拍下的阿姆斯特朗在月球上工作的照片

▼ 奥尔德林与旁边的被动地震实验包

▲ 阿姆斯特朗拍下的奥尔德林站在月球表面的照片

▼ 奥尔德林为测试月球表岩屑特征留下的脚印

美国的空间站计划

　　美国在完成阿波罗登月计划以后，又实施了空间站计划。1973 年，美国建造了空间站天空实验室，后来又主导了国际空间站的建造，在航天史上影响重大。

天空实验室

　　天空实验室是美国唯一独自发射的空间站，全长 36 米，重约 90 吨，是 20 世纪 70 年代最宽敞、最重的空间站。它虽然只服役了 6 年，但航天员在上面进行了 200 多项科学实验。

▲ 最后一组离开的工作人员拍摄的天空实验室

国际空间站

　　国际空间站是由以美国和俄罗斯为首的 16 个国家共同建造的，2010 年建成后投入全面使用。它是目前最大的空间平台，重 400 余吨，长 88 米、宽 110 米，相当于一个足球场的大小。

国际空间站的退役时间
国际空间站原计划在 2020 年退役。不过，美国国家航空航天局在获得白宫支持后，将国际空间站的使用期延长到 2024 年。同时，其他多个国际空间站参与国家的负责人就空间站的使用问题达成一致，各方正在努力确保其寿命能够延长到 2028 年。

近月空间站

2018 年, 美国国家航空航天局宣布, 计划在 2022 年启动近月空间站建设以及在 21 世纪 20 年代末派航天员登陆月球表面等。近月空间站是目前美国最新的空间站计划。

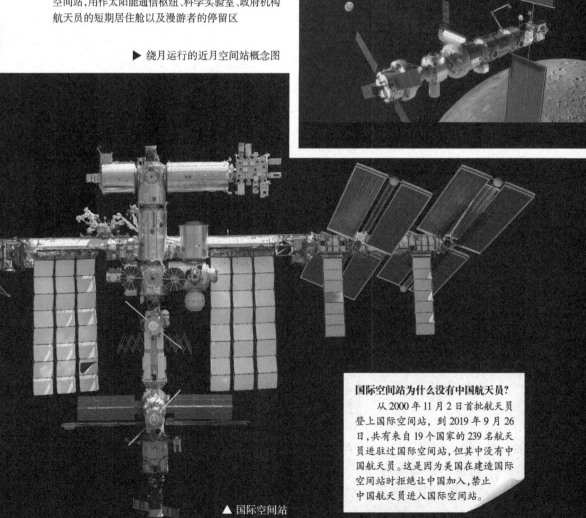

▲ 近月空间站是一项太空计划中的月球轨道小型空间站, 用作太阳能通信枢纽、科学实验室、政府机构航天员的短期居住舱以及漫游者的停留区

▶ 绕月运行的近月空间站概念图

▲ 国际空间站

国际空间站为什么没有中国航天员?
从 2000 年 11 月 2 日首批航天员登上国际空间站, 到 2019 年 9 月 26 日, 共有来自 19 个国家的 239 名航天员进驻过国际空间站, 但其中没有中国航天员。这是因为美国在建造国际空间站时拒绝让中国加入, 禁止中国航天员进入国际空间站。

国际空间站

国际空间站是迄今为止最大也最昂贵的空间平台。它由 16 个国家合作建造，在距地球 400 千米的高空绕地球飞行，可供 3 到 6 名航天员在太空长期居住。

曲折的计划

建立国际空间站的计划是由美国总统里根在 1983 年提出的。经过十余年的探索和多次重新设计，直到苏联解体、俄罗斯加盟，这一计划才于 1993 年开始实施。

首次发射

1998 年 11 月 20 日，国际空间站的第一个舱段"曙光号"功能货舱由俄罗斯发射升空，由此拉开了国际空间站在太空组装的序幕。

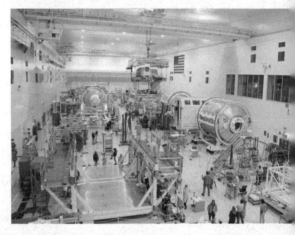

▲ 美国组件工厂（国际空间站的各个组件大多在地面就已经完成组装，航天员在太空只须进行很少的操作便可将组件连接到空间站主体）

▲ 从"奋进号"航天飞机上看到的"曙光号"功能货舱

◀ "曙光号"功能货舱于 1998 年 11 月 20 日被"质子号"运载火箭从拜科努尔发射场送入 400 千米高的轨道中

国际空间站跑"马拉松"

国际空间站的运行速度很快，每 90 分钟就绕地球一圈。因为国际空间站的大小接近一个足球场，它反射太阳光时的亮度接近甚至超过夜空中的星星，所以能在夏季的夜空中被我们观测到。每年夏至前后，如果天气晴好，在傍晚和黎明时分，我国北方地区的人们就有机会看到国际空间站漫步天空，欣赏这难得的天上"马拉松"。

100 多个部件

国际空间站历经 13 年才基本完成建设，由 100 多个部件组成，主体部分是俄罗斯舱段的"星辰号"服务舱、"曙光号"功能货舱，美国舱段的"团结号"节点舱、"和谐号"节点舱以及"命运号"实验舱等。

▲ 国际空间站外部结构

▼ 航天员被固定在加拿大机械臂 2 号的底部

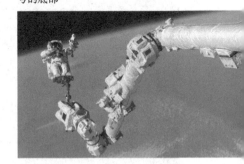

加拿大机械臂 2 号

国际空间站有一只十分灵活的"手臂"，叫加拿大机械臂 2 号。作为最先进的机械臂之一，它出色地参与了空间站的组装建设、设备维护、捕获飞船、协助太空行走等任务。

迟到 14 年的"科学号"

2021 年 7 月 21 日，俄罗斯发射了"科学号"实验舱，这艘迟到了 14 年的实验舱在 8 天后与国际空间站成功对接。至此，国际空间站的建设终于全部完成。

▶ "科学号"实验舱前视图

太空生活

太空环境与地球环境差别很大，因此航天员在太空的生活跟在地球上非常不一样。他们能在太空生活，与科学家的特殊"照顾"分不开。

越来越丰富的食物

随着科技的发展，航天员的食物越来越丰富，最初只有用铝管包装的肉糜、果酱类膏糊状食物，而现在有面包、甜点、饮料等食物。我国的航天食物就有100多种。

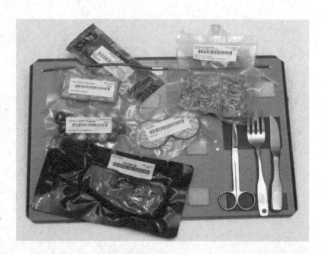

▶ 放在托盘上的太空食品和餐具，借由磁铁、弹簧和魔术贴固定在托盘上

▲ 航天员拍摄的位于国际空间站俄罗斯"星辰号"服务舱的餐桌视图，可以看到各种食品、饮料和调味品包装

绑起来睡觉

由于舱内是失重状态，航天员会飘来飘去，为了找到在地球上睡觉的感觉，他们需要钻进有特殊束缚装置的睡袋里，牢牢绑住自己，然后像躺在床上一样入睡。

以擦澡代替淋浴

20世纪70年代，美国航天员在天空实验室做过淋浴试验，但不太成功，所以后来航天员在太空中基本都是擦澡。我国天和核心舱配备有"包裹式淋浴间"，航天员可以在这里手持喷枪和毛巾，将自己打理干净。

尿液变纯净水

科学家们为航天员设计了专门的"马桶"，来解决大小便的问题。航天员小便时会用到专门收集尿液的装置。因为太空中水资源非常宝贵，所以航天员的尿液被收集以后，会通过净化处理变成纯净水，然后再循环利用。

坚持锻炼

航天员在太空中容易肌肉萎缩，所以必须锻炼。从"和平号"空间站设立健身区开始，锻炼成为航天员太空生活的标配。

太空育种

太空育种又称空间诱变育种，是将农作物的种子或试管种苗送到太空，利用太空特殊的环境诱变作用，使种子产生变异，再送回地面培育作物新品种的育种新技术。

太空种子"历险记"

一颗饱满、活力好且遗传稳定性高的种子被送入太空后，在空间特殊环境中发生变异，然后被送回地球。接下来，它要通过筛选、品质验证，才能成为真正的太空种子。

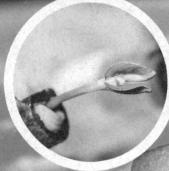

◀ 国际空间站上的向日葵幼苗

▲ 在美国国家航空航天局关于在太空种植食物的研究中，红色LED灯照亮马铃薯植物

太空蔬菜安全吗？

了解了太空种子的本质，你就能很好地回答这个问题了。太空种子培育出的蔬菜及其他农产品都是安全无毒的。美国曾经对"哥伦比亚号"航天飞机装载的番茄进行化学实验分析，得出的结果是：没有毒性，可以食用。而联合国的国际粮农组织、国际卫生组织、国际原子能机构也已经联合认证，太空种子很安全，培育出来的农产品不会给人体造成危害，我们可以放心地食用。

◀ 生菜在国际空间站上生长，成熟后被冷冻送回地球

太空育种中国强

目前世界上只有美国、俄罗斯、中国成功进行了太空育种。我国作为农业大国，从1987年开始进行太空育种，已培育出700余个太空育种新品系、新品种，走在世界前列。

▶ 植物生长设施培育的绿叶蔬菜

太空种子结出"大"果实

经过太空漫游的农作物种子，被带回地面进行种植之后，就能丰产，果实变大，如茄子可以长到南瓜那么大，黄瓜能长到手臂那么粗。

太空种子为什么结出"大"果实？

地面上普通的番茄、黄瓜种子到太空游一圈，回到地球后就能结出大大的果实，这到底是怎么一回事呢？

这是因为种子经历了太空变异。从本质上来说，太空变异跟地球上植物的自然变异一样，只不过太空环境加速了自然变异的过程。种子的基因只是进行了重新排序，而不是添加新的化学物质或者"外星"基因，植物的本质没有发生任何变化。比如，番茄种子原来的基因排列是"1-2-3-4"，把它送到太空之后，基因排列可能变成"1-3-4-2"，这就导致它回到地球后能结出更多、更大的番茄。

营养又美味

太空蔬菜可不只是"大"，还营养又美味。研究发现，太空蔬菜的维生素含量高于普通蔬菜2倍以上，对人体有益的微量元素含量也大大高于普通蔬菜，而且食用的口感更佳。

中国的航天探索

　　航天文化是中华民族优秀文化的一部分，源远流长。在中国古代，有许多关于登月、飞天这一美好幻想的神话故事，充分反映了古人欲探索茫茫宇宙空间奥秘的心理。从古至今，中国人从未停下航天探索的脚步。

中国航天事业的拓荒者

　　提到中国航天事业，就不得不提到一位伟大的科学家——钱学森。他是中国航天事业的拓荒者和奠基人，就连"航天"这个中文词语都是他从毛主席的诗句"坐地日行八万里，巡天遥看一千河"中得到启示而首创的。

中国航天第一步

　　1956 年 10 月 8 日，在北京西郊，国防部第五研究院成立。这是中国第一个导弹研究机构，由钱学森任院长，梁思礼负责导弹控制系统研究。它的成立标志着中国航天事业的创建，为此后载人航天精神奠定了基础。

中国航天的重大转折

　　1965 年，经第三届全国人民代表大会通过，第七机械工业部宣告成立，标志着我国拥有了自己的航天科技工业。至此，我国初步建立导弹(火箭)工业体系。

航天事业的蓬勃发展

　　随着国家经济体制改革，1999 年 7 月 1 日，航天总公司改组为中国航天科技集团和中国航天科工集团，组建十大军工集团公司。20 世纪末、21 世纪初，移动通信、导航定位卫星、载人航天等技术领域都取得了重大突破。

中国发展航天事业的宗旨

  探索外太空,扩展对地球和宇宙的认识;和平利用外太空,促进人类文明和社会进步,造福全人类;满足经济建设、科技发展、国家安全和社会进步等方面的需求,提高全民科学素质,维护国家权益,增强综合国力。中国发展航天事业贯彻国家科技事业发展的指导方针,即自主创新、重点跨越、支撑发展、引领未来。

中国载人航天历程

　　截至 2023 年 6 月，我国共发射了 11 艘载人飞船，其间有 18 名航天员飞上太空。神舟系列飞船是中国载人航天的开端。

中国载人航天的开始

　　为了提升国家综合实力，我国于 1986 年开始实施国家高技术研究发展计划（"863"计划），经专家论证建议，明确以载人飞船作为起步，1992 年 9 月 21 日，国家正式批准实施载人航天工程。

"神舟十二号"载人飞船和 5 个首次
　　2021 年 6 月，"神舟十二号"载人飞船在酒泉卫星发射中心成功发射。
宇航员
聂海胜、刘伯明、汤洪波。
5 个首次
首次实现与天和核心舱的自主快速对接；
首次实施绕飞与空间站进行径向交会；
首次具备从不同高度轨道返回东风着陆场的能力；
首次实现载人飞船长期在轨停靠；
首次具备天地结合多重保证的应急救援能力。

"神舟十二号"载人飞行任务是空间站关键技术验证阶段第四次飞行任务，也是空间站阶段首次载人飞行任务，是中国空间站建设的重要阶段

中国人到太空

2003 年 10 月 15 日,"神舟五号"载人飞船出征,将航天员杨利伟送入太空,环绕地球飞行了整整 14 圈,在太空中停留了 21 小时 23 分,次日安全返回。中国因此成为第三个将人类送上太空的国家。

中国空间站工程又称天宫计划,是中国的空间站研发建造计划,属于中国载人航天工程的一部分。"天宫一号"目标飞行器、"天宫二号"空间实验室已经完成目标任务,现行目标是在低地轨道由中国自主建成一个常驻的 60 至 180 吨级的大型空间站

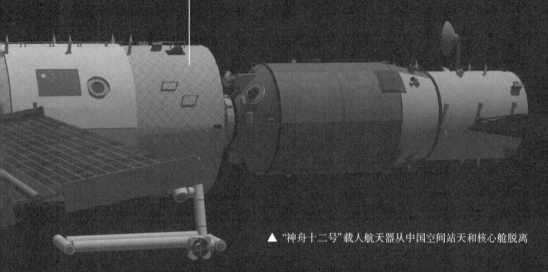

▲ "神舟十二号"载人航天器从中国空间站天和核心舱脱离

无人飞船

1992 年至 2002 年,中国先后发射了神舟一号至四号飞船,通过完成 4 次无人飞行试验任务,载人飞船相关技术得到有效验证,为后续载人飞行技术的实现奠定了坚实基础。

创建太空家园

2021 年 6 月 17 日,"神舟十二号"载人飞船顺利升空,中国人首次进入自己的空间站,创下 5 个"中国首次",从此中国正式进入太空探索时代。

中国载人航天工程

中国载人航天工程是中国空间科学实验的重大战略工程之一。1992 年 9 月，中央决策实施载人航天工程，自此我国载人航天工程正式起步。

中国载人航天工程设计师

从提出"中国要搞载人航天"的科学家钱学森，到现任中国载人航天工程总设计师周建平，从工程事业整体的决策者到无数个航天设备制造一线技师，载人航天工程设计师队伍不断发展壮大，他们是中国载人航天工程的中流砥柱。

载人航天工程系统组成

我国载人航天工程由八大系统组成，分别是：航天员、空间应用、载人飞船、运载火箭、发射场、测控通信、着陆场、空间实验室。每个系统都有相应的总指挥和总设计师。

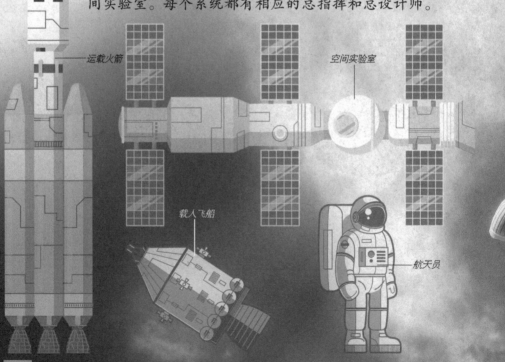

运载火箭

空间实验室

载人飞船

航天员

载人航天工程成果

载人航天工程中最重要的成果就是神舟系列与天宫空间站，它们目前已经完成十多次任务。如今，我国已经掌握成熟的交会对接、天地往返技术，拥有了更加完善的空间实验资料。

发展计划

发射载人飞船，开展空间应用实验；技术成熟后，发射空间实验室，解决有一定规模的、短期有人照料的空间应用问题；建造空间站，解决有较大规模的、长期有人照料的空间应用问题。从始至终，我国一直致力于打造中国的空间站。

中国载人航天工程分三步

第一步：发射载人飞船，将航天员安全送入近地轨道进行观测并安全返回。

第二步：利用载人飞船发射空间实验室，实现多人多天飞行、航天员出舱活动。

第三步：建成中国空间工程系统，使航天员和科学家可以往返于地球与空间站。

中国航天发射场

早些时候的航天发射场是由导弹靶场演变来的。随着科技的不断发展，航天发射场已经成为发射航天器的特定区域,是国家航天能力的体现,也象征着一个国家国力的强盛。

第一座发射场

世界上第一座航天发射场

拜科努尔发射场位于哈萨克斯坦西南部克孜勒奥尔达州的航天发射中心,是世界上第一座且规模最大的航天发射中心,由苏联始建于 1955 年 6 月。

世界上第一座海上发射场

圣马科发射平台是世界上第一座建在海上的航天发射场,它位于非洲肯尼亚东海岸的恩格瓦纳海湾,由意大利政府委托罗马大学航空与航天研究中心筹建,于 1967 年 4 月正式投入使用。

酒泉卫星发射中心

酒泉卫星发射中心建于 1958 年 10 月，位于甘肃省酒泉市与内蒙古自治区阿拉善盟之间，海拔 1000 米，占地面积约 2800 平方千米。拥有最适合航天发射的自然环境条件，每年约有 300 天可进行发射试验，是我国最早建成的运载火箭发射试验基地。

太原卫星发射中心

太原卫星发射中心建于 1967 年，位于山西省太原市西北的高原地区，全年平均气温 5℃，可以实现多射向、多轨道、远射程和高精度测量，也担负着太阳同步轨道气象、资源、通信等多种型号中、低轨道卫星及运载火箭的发射任务。

西昌卫星发射中心

西昌卫星发射中心建于 1970 年，位于四川省凉山彝族自治州境内，全年平均气温为 16℃，可以发射各种大小吨位卫星，在地球同步轨道卫星的发射任务中起着主要作用，前后成功执行国外卫星发射任务 30 多次。

文昌卫星发射中心

2009 年 9 月 14 日，文昌卫星发射中心在海南省龙楼镇开始建设。这里有良好的海上运输条件，火箭起飞残骸回落的安全性也好，可以发射地球同步轨道卫星、大质量极轨卫星、大吨位空间站和深空探测卫星等航天器。

中国东方航天港

2019 年，中国东方航天港项目在山东烟台启动，这是我国首个海上发射母港。其可辐射带动智能制造装备、航天新材料、航天旅游等相关产业。

长征系列
运载火箭

　　长征系列运载火箭是我国自主研制的航天运载工具，具备发射低、中、高不同地球轨道、不同类型卫星及载人飞船的能力，并具备无人深空探测能力。目前，我国共完成了四代运载火箭的研制。

长征一代

根据战略武器型号改进的第一代运载火箭"长征一号"(CZ-1)、"长征二号"(CZ-2)，采用模拟控制系统，解决了我国运载火箭从无到有的问题。

长征二代

在第一代基础上进行了改进，采用有毒推进剂和数字控制系统，包括"长征二号丙"(CZ-2C)、"长征二号丁"(CZ-2D)、"长征三号"(CZ-3)、"长征二号 E"(CZ-2E)等系列成员。

▶ 长征火箭模型

长征三代

第三代不仅满足载人航天的任务需求，还增加了故障检测和逃逸系统，综合性能大大提高，包括"长征二号F"(CZ-2F)、"长征三号甲"(CZ-3A)、"长征四号"系列(CZ-4 系列)等。

长征四代

第四代运载能力大幅提升，采用无毒无污染推进剂、全箭统一总线技术和先进的电气设备，包括"长征五号"系列(CZ-5 系列)、"长征六号"系列(CZ-6 系列)、"长征七号"系列(CZ-7 系列)、"长征八号"系列(CZ-8 系列)、"长征九号"(CZ-9)、"长征十一号"系列(CZ-11 系列)等。

神舟飞船

神舟飞船是中国自主研制的载人飞船,特点是起点高、具备留轨利用能力等。1999 年 11 月 20 日,"神舟一号"载人飞船的成功发射,是中国航天史上的重要里程碑。

飞船构造

神舟飞船由四部分构成:轨道舱、返回舱、推进舱、附加段,简称三舱一段,有 13 个分系统。

飞船作用

神舟飞船除完成航天任务外,自 1999 年至今,还开展了大量空间科学实验,例如,农作物、中药材太空诱变育种,蛋白质和其他生物大分子的空间晶体生长等。

轨道舱 ————————
返回舱 ————————

神舟飞船与航天飞机的区别

神舟飞船属于载人飞船,与近地飞行的航天飞机不同,它主要用于执行地球与外太空之间的飞行任务。另外,它不需要外接动力源,目前的主要动力源是太阳能电池。

推进舱

发射时间

　　神舟飞船的发射时间一般选择在夜晚,最重要的原因是此时间段发射飞船,便于地面的光学跟踪测量设备捕捉到跟踪目标。道理很简单,在漆黑的夜空中,载有飞船的火箭喷射着火焰向太空飞行,会更加显眼和突出。

◀ 神舟飞船是中国载人航天工程为实现航天员天地往返而研制的载人宇宙飞船系统。图为"神舟十二号"载人飞船与中国空间站天和核心舱对接的场景

—— 天和核心舱

飞船发射时间及航天员

2003 年 10 月 15 日	神舟五号	杨利伟
2005 年 10 月 12 日	神舟六号	费俊龙、聂海胜
2008 年 9 月 25 日	神舟七号	翟志刚、刘伯明、景海鹏
2012 年 6 月 16 日	神舟九号	景海鹏、刘旺、刘洋
2013 年 6 月 11 日	神舟十号	聂海胜、张晓光、王亚平
2016 年 10 月 17 日	神舟十一号	景海鹏、陈冬
2021 年 6 月 17 日	神舟十二号	聂海胜、刘伯明、汤洪波
2021 年 10 月 16 日	神舟十三号	翟志刚、王亚平、叶光富
2022 年 6 月 5 日	神舟十四号	陈冬、刘洋、蔡旭哲
2022 年 11 月 29 日	神舟十五号	费俊龙、邓清明、张陆
2023 年 5 月 30 日	神舟十六号	景海鹏、朱杨柱、桂海潮

天舟货运飞船

天舟货运飞船，是我国载人空间站工程的重要组成部分，协同神舟飞船完成各种任务，主要用途是运输货物和补加推进剂，然后将空间站产生的废弃物带回大气层烧毁，以保护太空环境。

给货运飞船命名

2011年4月，在货运飞船研制阶段，中国载人航天工程办公室进行了一次货运飞船名称征集活动。经过公众提名和投票，最终评选出"天梭""鲲鹏""天舟""神龙""云梯"等10个很有中国文化特色的获奖名称。2013年10月31日，货运飞船正式命名为"天舟"。

第一艘货运飞船

"天舟一号"是我国第一艘货运飞船，于2017年4月20日在文昌卫星发射中心发射。它只运货不送人，承载了各种太空实验设备共6吨，用于维持"天宫二号"运行补给，被亲切地称为"快递小哥"。

"天舟一号"

天和核心舱

▲ "天舟一号"完成的首次推进剂在轨补加试验是中国载人航天工程空间实验室阶段的收官之战，对于空间站工程后续任务顺利实施具有极为重要的意义（图为"天舟一号"与天和核心舱对接）

天舟货运飞船的构造

它采用两舱构型，由货物舱和推进舱组成，全长9米以上，最大直径3.35米，质量13吨，最大上行货物运载量达6吨，推进剂补加能力约为2吨，可以独立飞行3个月。

货运飞船

承载与密封 | 姿态与轨道控制 | 信息传输与管理 | 能源管理 | 载人环境控制 | 热管理 | 交会对接 | 组合体停靠 | 推进剂补加 | 物资运输

▲ 货运飞船系统功能组成示意图

遨游太空的货运飞船

截至2023年4月，我国发射了天舟系列一号至五号飞船。它们为空间站送补给，包括航天员的生活用品、空间科学实验设备和用品等。

▲ "天舟二号"货运飞船上行为空间站运送航天员生活物资、推进剂、平台维修设备附件及消耗品、载荷设备等补给物资；下行销毁空间站废弃物。此外，它还可用于空间站姿态轨道控制

73

天宫空间站

  中国空间站取名为"天宫"，源于国人对探索宇宙奥秘的美好愿景。2011年9月，中国首个目标飞行器"天宫一号"发射成功，意味着我国空间站的建立正式起步了。目前，天宫空间站已基本建造完成。

天宫空间站的构造

  天宫空间站由天和核心舱、问天实验舱、梦天实验舱、载人飞船、货运飞船5个模块组成，核心舱与两个实验舱段呈T字构型。

▶ 天宫空间站构型模拟图（2021年10月）

天舟货运飞船 神舟载人飞船

天宫空间站主要结构

  核心舱：全长16.6米，最大直径4.2米，发射质量22.5吨，可支持3名航天员长期在轨驻留，是我国目前最大的航天器。

  实验舱：问天和梦天实验舱，全长均约17.9米，最大直径均约4.2米。

“天宫一号”

“天宫一号”目标飞行器于 2011 年 9 月 29 日在酒泉发射升空，是在飞船轨道舱基础上研制的，与神舟飞船多次交会对接成功，为中国开展空间站建设打下了坚实基础。

“天宫二号”

“天宫二号”于 2016 年 9 月 15 日在酒泉发射升空，为实验舱和资源舱两舱构型，全长 10.4 米，最大直径 3.35 米，太阳翼展宽约 18.4 米，重 8.6 吨，是中国第一个真正意义上的太空实验室。

天和核心舱

2021 年 4 月 29 日，“长征五号 B 遥二”运载火箭搭载天和核心舱，在文昌发射升空。核心舱长 16.6 米，有节点舱、生活控制舱和资源舱 3 个部分及 3 个对接口和 2 个停泊口。

天和核心舱　　　　天舟货运飞船

▶ 天和核心舱的发射标志着中国空间站在轨组装建造全面展开

75

嫦娥工程

  2004 年,中国正式开展月球探测工程,并为其起了一个美丽的名字"嫦娥工程"。嫦娥工程总体分为"无人月球探测""载人登月"和"建立月球基地"3 个阶段。嫦娥工程的实施与推进意味着中国人逐渐将"上九天揽月"的浪漫神话变为现实。

"嫦娥一号"先锋队

  2007 年 10 月 24 日,"嫦娥一号"发射升空,投向月球的怀抱,实现了中国首次绕月飞行。它在轨有效探测 16 个月,累计飞行 494 天,获得了全月球影像图。

"嫦娥三号"软着陆

  2013 年 12 月 2 日,"嫦娥三号"发射升空。12 月 14 日,"嫦娥三号"探测器顺利在月球正面虹湾地区实现软着陆。

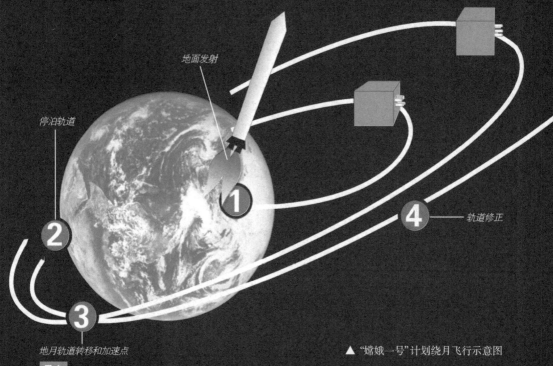

地面发射

停泊轨道

4 —— 轨道修正

2

3

地月轨道转移和加速点

▲ "嫦娥一号"计划绕月飞行示意图

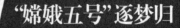

探月工程的好帮手

　　中国首辆月球车"玉兔号"是"嫦娥三号"的巡视器，于2013年12月15日驶抵月球表面，进行月球表面勘测。

　　中继星"鹊桥"，为"嫦娥四号"着陆器和月球车提供地月中继通信支持，确保"嫦娥四号"成功完成任务。

减速制动

6

7

减速制动

8

月球资源卫星轨道

地月转移轨道

5

"嫦娥四号"探月背

　　2018年5月21日，"嫦娥四号"中继星"鹊桥"发射升空。2018年12月8日，"嫦娥四号"成功发射，去往人类从未涉足的月球背面。在实施了地月转移、近月制动、环月飞行后，"嫦娥四号"最终成功在月球背面软着陆。

"嫦娥五号"逐梦归

　　2020年11月24日，"嫦娥五号"发射升空，开启我国首次月球轨道交会对接、地外天体起飞两个任务，并带着1731克月球样本平安返回。至此，我国成为第三个实现月球采样返回的国家。

▲ 2019年1月7日，月球探测车"玉兔二号"在月球表面，后面是"嫦娥四号"月球探测器

月球轨道

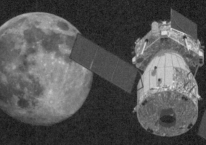

▲ "嫦娥五号"

77

载人航天的意义

载人航天技术的发展是人类航天史上的重大突破。从早期单一的飞船发展到可以在宇宙中长期停留的空间站，承载着几代人的汗水与泪水。载人航天技术使人类可以向宇宙更深处去探索，寻找更多可能性。

提升国家地位

航天技术水平高、发展快，不仅体现一个国家强盛的综合国力，还可以提高该国的国际影响力。一个国家掌握了更先进的科学技术，就相当于在国际交往中掌握了主动权。

促进人才培养

新时代带来新的发展需求，就载人航天器本身的研制和运行而言，对系统工程、自动控制、环境控制和生命保障等技术要求很高，老办法不能适应新需求，因此更高的技术要求促进了高科技人才的培养。

助力科学研究

太空中的特殊环境可为科研提供理想的实验场所,在极端环境和高风险条件下,开展生命科学与生物技术、微重力科学与应用等多方面的研究,例如太空制药、太空育种和太空材料加工等。

▲ 科学家在轨道上拍摄视网膜照片,显示颅内压(ICP)增强的证据

航空航天有哪些相关产业?

相关产业有航空复合材料、航空救生器材、航空煤油化工、航空电子仪表、火箭制造装配、卫星设计及制造、空间电源、卫星广播通信、卫星导航、卫星遥感、红外与激光导航、太阳能发电、加固计算机、卫星有效载荷、太空育种等。

提高军事科技水平

载人航天器还可以用来完成侦察和监视任务。1965 年 12 月,美国"双子星座 7 号"的航天员就曾用红外遥感器监视跟踪了一枚潜射导弹的发射,获得信息的速度比专门负责观察的人员还要快。

▼ "双子星座 7 号"

走向宇宙深处

古往今来，人类对宇宙的探索随着科学技术的发展有了更高层次的要求。从一小步，到一大步，我们越来越好奇：宇宙的更深处是什么？太阳系外的宇宙到底有多大？未来，我们终将揭秘神奇的宇宙。

探索前期

通过天文望远镜，人类可在地面观测到遥远深空的一些景象。在现有的观测技术条件下能够观测到的最远距离是130亿光年，通过科学验证，那里也只是浩瀚宇宙中的微小角落。

"旅行者1号"

"旅行者1号"于1977年9月5日发射，运行速度约为每秒17千米，距地球约180亿千米。"旅行者1号"最开始用于观测木星、土星、天王星、冥王星，之后向银河系中心方向进发，2012年5月已经到达太阳系边缘。

▲ 1608年，荷兰一位眼镜师发明了一架望远镜，消息很快就传遍欧洲。伽利略在1609年6月听说后，在一个月内就做出了自己的望远镜，用来观测天体

▼ "旅行者1号"在1979年2月25日获得了木星大红斑及其周围环境的壮观景象

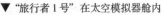

▼ "旅行者1号"在太空模拟器舱内

"旅行者2号"

"旅行者2号"于1977年8月20日在肯尼迪航天中心发射，是第一个远距离访问天王星和海王星的飞行探测器。2018年12月，"旅行者2号"飞离太阳风层，成为第二个进入星际空间的探测器。

▲ "旅行者2号"探测器和它拍到的土星

土星

星际边界探测器

星际边界探测器在2012年突破了日球层顶，进入星际介质中。这里是星际等离子体的天下，物质密度比地球大气层内低得多，人类的探索也面临着更严峻的挑战。

星际边界探测器的高能中性原子图

▲ 星际边界探测器的任务是发现太阳风与太阳系边缘星际介质之间相互作用的本质

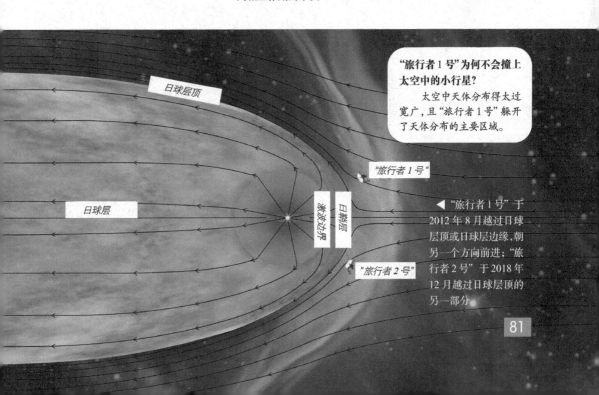

日球层顶

日球层

激波边界

日鞘层

"旅行者1号"

"旅行者2号"

"旅行者1号"为何不会撞上太空中的小行星？

太空中天体分布得太过宽广，且"旅行者1号"躲开了天体分布的主要区域。

◀ "旅行者1号"于2012年8月越过日球层顶或日球层边缘，朝另一个方向前进；"旅行者2号"于2018年12月越过日球层顶的另一部分

星际中的"旅行者"

　　至今，已有不少航天英雄用血肉之躯为人类踏出通天之路，为实现从古至今太空探索的梦想不懈努力着。随着航天技术的发展，将有越来越多的"旅行者"踏上太空。

首位实现太空行走的女性

　　1984 年 7 月 17 日，苏联发射的"联盟 T-12 号"飞船升空。7 月 25 日傍晚，萨维茨卡娅进行太空行走，并用万能工具进行试验性切割、焊接操作。

　　▲ 自人类开始探索太空以来，女性就从未缺席（图为 4 名女性航天员在国际空间站留影）

　　◀ 萨维茨卡娅曾参与两次"礼炮 7 号"空间站任务，成为第一位完成太空漫步的女性航天员

自费太空旅行的费用和条件

自费太空旅行需要多少钱?

英国维珍银河公司的太空游票价最初定价每张约25万美元;美国蓝色起源公司首次载人试飞的票价竟拍到每张2800万美元;美国太空探索技术公司的"龙"飞船载人前往国际空间站的"船票"约为每张5500万美元。

寻常人去太空旅行需要具备哪些条件?

除具备经济实力外,还必须能经受得起火箭起飞时的巨大噪音、振动、过载等种种考验,耐受强辐射、高真空、温度骤变和长时间失重等太空环境,忍受飞船上升和下降过程中长达十几至几十秒钟的超重和失重考验。

首位女太空游客

首位女太空游客阿努谢赫·安萨里,在其40岁生日时乘坐俄制"联盟号"宇宙飞船升空,前往国际空间站。这次太空旅游的费用为2000万美元。

▶ 阿努谢赫·安萨里

▲ 人类首位太空游客是美国富商、科学家丹尼斯·安东尼·蒂托,他一直对太空探索充满兴趣,并愿意花费近2000万美元实现自己的太空游梦想

中国航天员遨游太空

北京时间2022年9月2日,经过约6小时的出舱活动,"神舟十四号"航天员陈冬、刘洋安全返回问天实验舱,出舱活动取得圆满成功。

太空城市

太空城市是人类对于未来航天的伟大设想，需要在空间站的基础上发展建立，使人类能够在太空定居。人类在航天技术方面的不懈努力，终有一天会将这一设想变为现实。

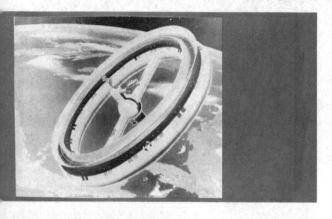

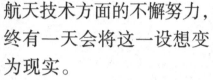

◀ 旋轮太空站，华纳·冯·布朗于1952年的构想

早期设想

早在1926年，苏联科学家齐奥尔科夫斯基就设想人类未来在宇宙中建立居民点，并且利用太空环境开展工作、种植等活动，从而在太空中生存下来。

◀ 在模拟的火星基地上生长的植物

太空城与空间站的区别

太空城是人类设想的建造在宇宙中的移民点，能最大限度地自给自足；而空间站上的各种用品是从地球运上去的，只能供人类在太空进行短暂停留时使用。

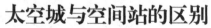

◀ 构想的太空城可以模拟地球的大气，有平原、高山、河川、海洋等，能形成自然的水循环，可以种植植物，以吸收二氧化碳及提供氧气，还可以饲养各种动物，形成食物链，为人类提供食物和水等必需品

配套基本设施

在空间站的基础上，设置维修服务站来装配大型空间结构，建造空间旅馆及特殊材料的小型工厂等，以满足人类衣食住行的基本诉求。

▲ 火星基地概念图，带有冰屋、加压漫游车和火星套装

建造方案设计

1977 年，在《宇宙移民岛》一书中，美国普林斯顿大学物理学教授奥尼尔博士提出了 3 种宇宙岛设计方案：岛一型中空球体结构、岛二型球体结构、岛三型半球形闭圆筒。

▶ 斯坦福环面借鉴了岛二型球体结构的概念，但构造截然不同。它改用一个直径约 1.8 千米的环管取代球体，形似甜甜圈，环管与球体相比省去了低重力不易运用的极地区域，能提高空间运用率并节省建材

▼ 岛三型半球形闭圆筒又称为奥尼尔圆筒，由两座直径 8 千米、长 32 千米的圆柱体组成。两座圆柱反方向旋转来抵消陀螺效应，以免无法对准太阳。其端点以轴连接并以每小时 28 圈的转速产生重力

▶ 岛一型中空球体结构的内部结构

国际太空城市设计大赛

这是一项国际知名的中学生学术活动，迄今已有 30 多年的历史。活动一开始就得到了美国国家航空航天局的帮助和支持，每年都在其宇航中心内举办大赛的国际总决赛。

85

寻找地外生命

电影与文学作品中经常出现外星生命来地球做客的情节。那么，宇宙中真的还有其他生命的存在吗？研究表明，有些适合生命生存的基本元素在宇宙中很常见。由此看来，地球也不是宇宙中唯一存在生命的天体。

▲ 哈勃太空望远镜成功弥补了地面观测的不足，帮助天文学家解决了天文学上的许多基本问题

哈勃太空望远镜

1990年4月24日，哈勃太空望远镜在美国肯尼迪航天中心成功发射。它属于光学望远镜，位于地球大气层之上。科学家可以借助哈勃太空望远镜对宇宙天体中是否存在生命元素进行研究。

地外生命存在的要素

科学家的研究表明，地外生命可能与地球上的生命具有相同的基本生物结构。科学界一般认为，液态水、碳等元素、热能量是生命存在的三大要素。

▼ 在宇宙中，地球是人类已知的唯一存有生命的星球

寻找外星人

1960年,美国实施地外文明搜寻计划(SETI),由无线电天文学家弗兰克·德雷克主导,首次开展搜寻外星文明的活动。弗兰克·德雷克采用25米抛物线无线电天线,收集宇宙通信泄漏的信号以及外星人可能发来的无线电信号。

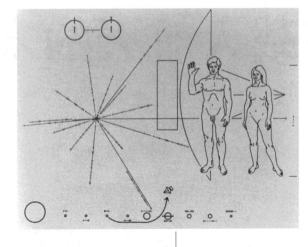

"先驱者10号"及"先驱者11号"探测器上携有一块载有人类信息的镀金铝板。倘若探测器被外星的高智慧生物捕获,这块镀金铝板将会向他们解释这艘探测器的来源(铝板上绘有男性及女性的图像、氢原子的自旋跃迁,以及太阳系图示)

开普勒望远镜被用来寻找适合生命居住的太阳系外行星

"好奇号"火星探测器的使命是探寻火星上的生命元素

▲ 人类为寻找外星生命做出了巨大的努力

存在生命的天体

根据人类这些年对太阳系行星的不断探索,天体可能存在生命的迹象越来越多。研究发现,金星、木星的卫星、火星上都有可能存在地外生命。

▶ 木卫二冰冷表面下存在海洋,可能拥有某种形式的微生物

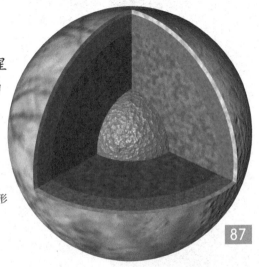

载人航天的未来

　　无穷的宇宙庞大又神秘，人类对它的探索是没有尽头的。对于载人航天的未来，科学家们提出了各种假设。未来，我们面对的是新机遇和新挑战。

近地轨道空间站

　　目前，世界上的空间站只能满足人类在太空短期停留的需求。未来，人类想要建立可供更多人在太空中长时间生存的太空基地，以及建造大型载人宇宙飞行器，以确保各种空间活动顺利开展。

▼月球基地设想图

▲太空城市又称太空居民点、太空岛、太空站，是20世纪科学界提出的在宇宙空间中建立的模拟地球环境且适合人类居住的空间

载人登月

　　执行"阿波罗17号"任务的尤金·塞尔南和哈里森·施密特是迄今为止最后一次登陆月球的人。尤金·塞尔南是阿波罗计划中最后一个离开月球表面的人。中国预计在2030年以前把航天员送往月球。

▼ 艺术家想象中的火星人类定居地

中国的火星梦

　　中国自从发射航天器成功登陆火星后，便开始新一轮计划，预计在 2033 年实现载人登陆火星。但在完成计划前，我们还需解决长距离燃料供应、航天员返回等国际难题。

航天新材料

　　航天器工作任务、工作环境的变化，都对航天材料、航天装备提出了更高、更复杂的要求。目前，轻质材料、柔性材料、耐极端环境材料以及特殊材料都是航天材料研究的热点。

▲ 气凝胶拥有强大的隔热功能，因此俄罗斯的"和平号"空间站和美国的火星"探路者号"探测器上都用到了这种材料

已研发成熟的航天材料

　　自愈/自修复材料：具备更换受损材料或对受损材料进行原位修复机制的轻质材料，可应用于微流星体撞击防护系统设计等领域。

　　典型的柔性材料：包括纺织结构材料、轻型/超轻型柔性材料、智能柔性材料等。

　　耐极端环境材料：主要用于极端太空环境（如高温、低温、压力、腐蚀、辐射或上述因素的共同作用）或飞行器运行条件（包括推进系统），包括高级防烧蚀材料、耐低温材料和耐高温材料，如陶瓷基复合材料、超高温陶瓷材料、绝缘材料及抗辐射电子元件等。

▼ 航天飞机外壳是多种材料工程的产物，可以承受返回大气层时产生的高温